Ateliers
RENOV'LIVRES S.A.
2003

INSTRUCTION

SUR

L'EXERCICE

DE LA

CAVALERIE.

Du 29 Juin 1753.

A PARIS,

DE L'IMPRIMERIE ROYALE.

M. DCCLIII.

TABLE

DES

TITRES CONTENUS DANS L'INSTRUCTION SUR L'EXERCICE DE LA CAVALERIE,
du 29 juin 1753.

INSTRUCTION

INSTRUCTION

SUR

L'EXERCICE

DE LA

CAVALERIE.

Du 29 Juin 1753.

LE ROI ayant fait examiner les obfervations qui ont été faites par les différens régimens de fa Cavalerie, fur le projet d'Inftruction que Sa Majefté leur avoit fait remettre l'année dernière; & defirant mettre toute l'uniformité & la perfection poffibles dans les exercices de ce Corps, Elle a fait dreffer la préfente Inftruction, à laquelle Elle veut que tous fes régimens de Cavalerie fe conforment, en attendant que fur le compte qui lui fera rendu des nouveaux mémoires qu'Elle permet aux Commandans & aux Majors de ces

régimens d'adreffer au Secrétaire d'état ayant le départe-
ment de la guerre, il lui plaife de fixer irrévocablement
par une Ordonnance, la forme de ces exercices.

Cette Inftruction comprend le maniement des armes,
tant qu'à pied qu'à cheval, & toutes les différentes manœuvres que l'on peut faire faire à une compagnie, à un régiment, & à un détachement.

Comme on ne peut efpérer de parvenir à une inftruction parfaite du Cavalier, qu'autant que l'Officier fera lui-
même inftruit de tout ce qu'il doit lui commander; l'intention de Sa Majefté eft que les Commandans des corps
tiennent la main à ce que non feulement les Officiers
majors, mais auffi ceux des compagnies & les Maréchaux-
des-logis, fe mettent au fait de tout ce qui a rapport au
maniement des armes, & le fachent affez bien exécuter
pour pouvoir l'apprendre à leur troupe.

Elle entend pareillement, que quand les régimens fe
trouvent raffemblés, ceux qui les commandent, faffent commander devant eux à chaque compagnie par leurs Officiers
particuliers, les différens maniemens des armes, & les manœuvres indiquées pour une compagnie & pour un détachement, afin de s'affurer que ces Officiers foient en état de
bien inftruire leurs compagnies lorfqu'elles feront féparées.

DE CE QUE L'ON DOIT COMMENCER
à apprendre au Cavalier.

LA première inftruction à donner à un Cavalier, eft de
lui apprendre à connoître fon cheval & toutes les parties
de fon équipement, ainfi que leur ufage; afin qu'il fache le

brider, le gourmer, le feller & le harnacher de tout point, & la manière dont il devra le charger.

On le fera monter enfuite à cheval, & on l'y placera : on l'inftruira comment il doit tenir fa bride & s'en fervir, de la longueur qu'il doit donner à fes étriers, & de l'ufage qu'il doit faire de fes jambes & de fes éperons.

Enfin, on le fera trotter quelque temps fans étriers, pour lui faire trouver le fond de la felle, & lui donner plus de fermeté à cheval.

En même temps qu'on occupera les Cavaliers à ces premières inftructions, on les exercera un à un, ou deux à deux tout au plus, aux différens maniemens des armes, d'abord à pied & enfuite à cheval, en leur en montrant tous les principes.

Les Maréchaux-des-logis feront principalement chargés de ce foin à l'égard des Cavaliers de recrue, qui feront cependant exercés très-fouvent par leurs Officiers, foit dans les garnifons ou dans les quartiers, & que l'Aide-major raffemblera quand le régiment fe trouvera réuni, pour leur faire répéter ces exercices.

DU MANIEMENT DES ARMES
A PIED.

LE Major commencera par cet avertiffement :

Prenez garde à vous, vous allez faire le manie-ment des armes.

Les Cavaliers regarderont s'ils font bien alignés à un pas de diftance l'un de l'autre, les deux pieds fur la même ligne, féparés d'un demi-pied, le moufqueton droit dans le creux de l'épaule gauche, la croffe fur la main gauche, le pouce au deffus de la vis, la main droite pendante.

COMMANDEMENS.

1. *A droite.*

2. *A gauche.*

3. *Demi-tour à droite.*

4. *Demi-tour à gauche.*

Ces quatre commandemens s'exécuteront chacun en un feul temps, tournant fur le talon gauche, & portant le pied droit fur la même ligne du gauche.

5. *Haut le moufqueton.*

En deux temps: au premier, on portera la main droite à la poignée fans remuer le moufqueton.

Au deuxième, on le portera du côté droit & on l'empoignera en même temps de la main gauche au deffous du porte-baguette d'en bas, le pouce gauche alongé le long du bois & du canon à la hauteur de l'épaule droite, la platine au deffus du ceinturon, le poignet droit appuyé à la hanche, tenant le moufqueton bien perpendiculaire.

6. *Apprêtez le moufqueton.*

En un temps: on armera le moufqueton de la main droite feule en tirant le chien en arrière, jufqu'à ce qu'on l'ait entendu fe loger dans le cran.

7. *En joue.*

En un temps: on portera la croffe à l'épaule droite, lâchant le pied droit en arrière fur la même ligne que le gauche, le genou gauche un peu plié, le jarret droit tendu, la pointe du pied gauche vis-à-vis le bout du

mousqueton, les talons sur la même ligne, le coude droit
serré.

8. *Feu.*

En un temps : on tirera la détente sans faire d'autre mouvement que celui du doigt.

9. *Retirez le mousqueton.*

En un temps : laissant tomber le mousqueton horizontalement, ou armes plattes, au dessous du ceinturon, le poignet
gauche contre la hanche, les deux pieds égaux sur la même
ligne, le pouce de la main gauche alongé le long du bois
& du canon, le pouce de la droite sur le chien.

10. *Mettez le chien en son repos.*

En un temps : on tirera le chien en arrière jusqu'à ce
qu'on ait entendu le ressort se loger dans le cran du repos.

11. *Prenez la cartouche.*

En un temps : tenant le mousqueton ferme avec la main
gauche, on portera la droite brusquement au porte-cartouche à droite, pour en tirer la cartouche.

12. *Déchirez la cartouche avec les dents.*

En deux temps : au premier, on portera la cartouche
à la bouche pour la déchirer.

Au deuxième, on la portera brusquement près du bassinet.

13. *Amorcez.*

En un temps : tenant la cartouche avec les deux premiers
doigts, on la pressera un peu, on remplira le bassinet de
poudre & on mettra le pouce sur l'ouverture.

14. *Fermez le bassinet.*

En un temps : on fermera le bassinet tenant la cartouche

fermée du pouce & du premier doigt, & l'on portera le côté de la main entre la platine & la croffe.

15. *Paffez le moufqueton du côté de l'épée.*

En un temps : on pouffera la croffe à gauche avec les deux derniers doigts de la main droite, pendant que l'on tournera brufquement la main gauche, les ongles en deffous, de façon que le bout du canon paffant à droite, la platine fe trouve deffus, la baguette du côté du corps ; & la main dont on tient la cartouche, fe placera à quatre doigts du bout du moufqueton, à la même hauteur.

16. *Mettez la cartouche dans le canon.*

En un temps : on mettra la cartouche dans le canon en la preffant d'abord pour faire fortir la poudre : on faifira la baguette de la main droite avec le pouce & le premier doigt qu'on repliera en deffous ainfi que les autres, alongeant le pouce vers le bout de la baguette.

17. *Tirez la baguette.*

En un temps : on la tirera tout de fuite, on la faifira par le milieu, & on la retournera la main renverfée, tenant le bras haut, demi-tendu, préfentant le gros bout vis-à-vis & dans la même direction que le canon.

18. *Bourrez.*

En un temps : on bourrera ferme deux fois feulement.

19. *Remettez la baguette.*

En un temps : on retirera la baguette, la faififfant par le milieu, la main renverfée ; on la retournera & on la remettra tout de fuite en fon lieu, replaçant la main droite au bout du moufqueton, le pouce alongé le long du bois.

20. *Haut le moufqueton.*

En un temps : faifant à gauche, on portera le moufqueton de la main gauche du côté droit ; & de la main droite, on le prendra à la poignée, tenant toûjours la gauche audeffous & contre le porte-baguette, le pouce alongé le long du bois & du canon, à la hauteur de l'épaule droite, la platine au deffus du ceinturon, le poignet droit appuyé à la hanche, le pouce fur le chien, le premier doigt dans la foûgarde derrière la détente, tenant le moufqueton du refte de la main.

21. *Portez le moufqueton.*

En deux temps : au premier, tournant le canon en dehors, on portera de la main droite le moufqueton vis-à-vis l'épaule gauche, & on placera la main gauche fous la croffe, le bras gauche tendu.

Au deuxième, on laiffera tomber le moufqueton dans le creux de l'épaule gauche, & la main droite tombera pendante fur le côté.

22. *Repofez-vous fur le moufqueton.*

En quatre temps : au premier, on portera la main droite à la poignée.

Au deuxième, on portera le moufqueton devant foi, la foûgarde en avant, en baiffant la main droite & portant la main gauche à l'anneau de la grenadière.

Au troifième, on portera le moufqueton à droite de la main gauche, & on placera la main droite au bout du canon, tenant le moufqueton perpendiculaire, la croffe à un demi-pied de terre.

Au quatrième, on laiffera tomber la croffe du moufqueton à terre, à un demi-pied de la partie droite du pied droit, la foûgarde en avant, & la main gauche tombera pendante fur le côté.

23. *Pofez le moufqueton à terre.*

En quatre temps : au premier, on tournera fur les deux talons à droite, & on retournera en même temps le moufqueton, de façon que le canon foit vers le corps.

Au deuxième, en laiffant couler la main droite jufqu'à la grenadière, on fera un grand pas en avant du pied gauche, & on couchera le moufqueton par terre, la platine en deffus, la main gauche fur la cuiffe.

Au troifième, on fe relèvera en retirant le pied gauche, & tenant les deux bras pendans.

Au quatrième, on fe remettra, en tournant fur les deux talons à gauche.

24. *Reprenez le moufqueton.*

En quatre temps : au premier, on tournera fur les deux talons à droite.

Au deuxième, on fera un grand pas du pied gauche, & on reprendra le moufqueton avec la main droite à la même hauteur qu'on le tenoit en le pofant à terre.

Au troifième, on fe relèvera en retirant le pied gauche.

Au quatrième, on tournera fur les deux talons à gauche, & on remettra le moufqueton dans la même place qui eft marquée pour fe repofer fur le moufqueton.

25. *Portez le moufqueton.*

En deux temps : au premier, on élèvera le moufqueton de la main droite qui tient le canon aux trois quarts, & la main gauche fe pofera fous la croffe, le moufqueton vis-à-vis l'épaule gauche.

Au deuxième, comme au deuxième temps du vingt-unième commandement.

26. *Moufqueton à la grenadière.*

En quatre temps : au premier, on portera la main droite à la poignée.

Au

Au deuxième, on portera le moufqueton en travers, au deffus de la tête, la platine en deffus.

Au troifième, on paffera la tête & le bras droit entre la grenadière & le moufqueton, qu'on laiffera tomber à droite.

Au quatrième, on pouffera la croffe en arrière de la main droite, qu'on laiffera pendante, la gauche devant foi.

27. *Préparez-vous pour mettre le fabre à la main.*

En un temps : paffant le poignet de la main droite dans le cordon, on faifira la poignée du fabre & on dégagera un peu la lame de dedans le fourreau.

28. *Sabre à la main.*

En un temps : on tirera brufquement le fabre, & on le portera à l'épaule droite, le dos de la lame appuyé contre l'épaule, le poignet à la hauteur & près de la hanche.

29. *Remettez le fabre.*

En deux temps : au premier, on mettra le fabre en travers devant foi, à la parade, la pointe plus élevée que la poignée.

Au deuxième, on faifira le fourreau de la main gauche, & de la droite on préfentera le fabre à l'entrée du fourreau; on l'enfoncera tout de fuite jufqu'à la garde, laiffant tomber enfuite la main droite à côté, & la gauche devant foi.

30. *Portez le moufqueton.*

En trois temps : au premier, on prendra avec la main droite la croffe du moufqueton qu'on tirera en avant.

Au deuxième, on paffera la main & le bras droit entre le corps & le moufqueton, on le faifira par deffous à la poignée; on le paffera en travers par deffus la tête, & on le portera vis-à-vis l'épaule gauche, la main gauche fous la croffe.

Au troifième, comme au deuxième temps du vingt-unième commandement.

Outre les commandemens ci-deffus, les Cavaliers fauront encore exécuter ceux qui fuivent.

1. *Paffez la platine fous le bras gauche.*

En quatre temps : au premier, on portera la main droite à la poignée, le pouce alongé fur la contre-platine.

Au deuxième, on lèvera le moufqueton de la main droite & on le portera vis-à-vis de l'épaule gauche, le tenant perpendiculaire, le chien en avant, & plaçant la main gauche fur le canon, au deffous du porte-baguette d'en bas.

Au troifième, on paffera la platine fous le bras, la main droite accompagnant le moufqueton.

Au quatrième, on portera brufquement la main droite pendante fur le côté.

2. *Portez le moufqueton.*

En trois temps : au premier, on portera le moufqueton en avant de la main gauche, en le relevant & le faififfant en même temps de la main droite à la poignée, le canon en dehors, les bras tendus, la main gauche à la hauteur de la bouche.

Au deuxième, on portera la main gauche fous la croffe.

Au troifième, comme au deuxième temps du vingt-unième commandement.

3. *Renverfez le moufqueton.*

En cinq temps : au premier, on portera la main droite à la poignée, & on retournera la platine en deffus.

Au deuxième, on portera le moufqueton devant foi de la main droite, le canon du côté du corps, la foûgarde en avant : on renverfera la main gauche qui tient le canon au deſſous & contre le porte-baguette, & on la tiendra à la hauteur de la bouche.

Au troiſième, on renverſera le mouſqueton de la main gauche, toûjours le canon en dehors, & la croſſe à la hauteur de la bouche, tenant le mouſqueton de la main droite à la poignée.

Au quatrième, on paſſera le mouſqueton renverſé ſous le bras, gliſſant la main gauche le long du canon, de façon que la croſſe ſoit appuyée à l'épaule.

Au cinquième, on portera bruſquement la main droite pendante ſur le côté.

4. *Portez le mouſqueton.*

En quatre temps: au premier, on portera le mouſqueton en avant de la main gauche, & on joindra tout de ſuite la main droite à la poignée.

Au deuxième, on le tournera bruſquement le bout en haut, ſans le quitter de la main gauche, le canon en dehors, le reprenant de la main droite, le pouce alongé ſur la contre-platine.

Au troiſième, on le portera vis-à-vis l'épaule gauche, la main gauche ſous la croſſe, le bras gauche tendu.

Au quatrième, comme au deuxième temps du vingt-unième commandement.

DU MANIEMENT DES ARMES
A CHEVAL.

LE Major commencera par cet avertiſſement:

Prenez garde à vous; préparez-vous pour faire le maniement des armes.

Les Cavaliers ajuſteront les rênes en deux temps.

Au premier, on prendra le bout des rênes par deſſous

le bouton, avec le pouce & les deux premiers doigts de la main droite; on les élèvera devant foi, & on placera la main gauche à un pouce au deſſus du pommeau & à un demi-pied en avant du corps, le petit doigt paſſé dans les rênes.

Au deuxième, on laiſſera tomber le bout des rênes à droite, & on portera la main droite ſur la cuiſſe.

1. *Dégagez le mouſqueton.*

En un temps: on ſaiſira de la main gauche, ſans quitter les rênes, le bout de la courroie du porte-croſſe, & de la main droite le côté de la boucle, & avec le premier doigt de cette main, on fera ſortir l'ardillon; & le bout de la courroie étant ſorti de la boucle, la main gauche prendra le côté de la boucle, & de la droite on empoignera le mouſqueton par la poignée.

On obſervera que les Carabiniers doivent porter leur carabine comme les Cavaliers leur mouſqueton.

2. *Haut le mouſqueton.*

En un temps: on élèvera le mouſqueton & on le portera la croſſe ſur la cuiſſe, le bout haut en avant.

3. *Accrochez le mouſqueton.*

En un temps: on baiſſera le mouſqueton ſur la main gauche, dont on l'empoignera; & de la droite on prendra le porte mouſqueton à la bandoulière, on y accrochera le mouſqueton par l'anneau roulant, & tout de ſuite on reprendra le mouſqueton de la main droite à la poignée, & on le remettra dans la poſition de haut le mouſqueton.

4. *Apprêtez le mouſqueton.*

En un temps, on armera le mouſqueton de la main droite ſeule, en tirant le chien en arrière, juſqu'à ce qu'on l'ait entendu ſe loger dans le cran.

5. *En joue.*

En un temps, on portera de la main droite la croſſe du mouſqueton à l'épaule droite ; & pour ſoûtenir le mouſqueton, on avancera la main gauche ſur la tête du cheval, ſans alonger les rênes.

6. *Feu.*

En un temps, comme au huitième commandement à pied.

7. *Retirez le mouſqueton.*

En un temps, on laiſſera tomber le mouſqueton horizontalement ou armes plattes, ſur la main gauche, dont on le ſaiſira près la partie ſupérieure à la platine, le pouce gauche alongé le long du bois, le pouce droit ſur le chien.

8. *Mettez le chien en ſon repos.*

En un temps, comme au dixième commandement à pied.

9. *Prenez la cartouche.*

En un temps : le mouſqueton étant appuyé ſur le pommeau de la ſelle, on portera la main droite bruſquement au porte-cartouche pour en tirer la cartouche.

10. *Déchirez la cartouche avec les dents.*

En deux temps, comme au douzième commandement à pied.

11. *Amorcez.*

En un temps, comme au treizième commandement à pied.

12. *Fermez le baſſinet.*

En un temps, comme au quatorzième commandement à pied.

13. *Paſſez le mouſqueton du côté de l'épée.*

En un temps, levant le mouſqueton de la main gauche & tournant la baguette du côté du corps, on pouſſera la croſſe des deux derniers doigts de la main droite, pour la faire paſſer à gauche entre la fonte & l'épaule du cheval.

14. *Mettez la cartouche dans le canon.*

En un temps, comme au ſeizième commandement à pied.

15. *Tirez la baguette.*

En un temps, comme au dix-ſeptième commandement à pied.

16. *Bourrez.*

En un temps, comme au dix-huitième commandement à pied.

17. *Remettez la baguette.*

En un temps, comme au dix-neuvième commandement à pied.

18. *Haut le mouſqueton.*

En deux temps: au premier, on relèvera de la main gauche le mouſqueton, & de la droite on le ſaiſira à la poignée.

Au deuxième, en le levant on portera la croſſe ſur le plat de la cuiſſe, en quittant le mouſqueton de la main gauche, qui reſtera occupée à tenir la bride.

19. *Laiſſez tomber le mouſqueton.*

En un temps : on portera doucement le bout du mouſqueton en bas, & on le laiſſera pendre à la bandoulière.

Tout de ſuite, ſans commandement, on ajuſtera les
rênes en deux temps, comme il a été dit à l'avertiſſement.

20. *Piſtolet à la main.*

En deux temps : au premier on portera la main droite
ſur la croſſe du piſtolet de la gauche, paſſant par deſſus
les rênes & la main gauche.

Au deuxième, on le tirera de la fonte & on le portera
ſur la main gauche, dont on l'empoignera, le bout un peu
élevé en avant vers l'oreille gauche du cheval ; & on mettra
le pouce de la main droite ſur le chien, & le premier
doigt devant la détente.

21. *Apprêtez le piſtolet.*

En un temps : on élèvera le piſtolet le bout en haut,
le bras demi-tendu, le poignet à la hauteur de l'œil droit,
la ſoûgarde en avant ; & en l'élevant on l'armera de la
main droite.

22. *En joue.*

En un temps : on tournera un peu le piſtolet, la platine
en haut, les ongles en deſſous ; & on viſera le long du
canon, le bout directement devant ſoi plus bas que le
poignet.

23. *Feu.*

En un temps : on tirera la détente.

24. *Remettez le piſtolet.*

En un temps : on le remettra dans la fonte, & on
reportera tout de ſuite la main droite ſur la cuiſſe droite.

25. *Piſtolet à la main.*

En deux temps : au premier, on portera la main droite fur le piftolet droit, les doigts entre la croffe & la felle, les ongles & le pouce en deffus de la croffe.

Au deuxième , on le tirera de la fonte, & on le portera fur la main gauche, dont on l'empoignera, le bout un peu élevé en avant vers l'oreille gauche du cheval : on mettra le pouce de la main droite fur le chien, & le premier doigt devant la détente.

26. *Apprêtez le piftolet.*

En un temps, comme au vingt-unième commandement.

27. *En joue.*

En un temps , comme au vingt-deuxième comman-dement.

28. *Feu.*

En un temps , comme au vingt-troifième comman-dement.

29. *Remettez le piftolet.*

En un temps , comme au vingt-quatrième comman-dement.

30. *Préparez-vous pour mettre le fabre à la main.*

En un temps : portant la main droite par deffus la gauche & les rênes, on paffera le poignet dans le cordon, & on prendra le fabre à la poignée, dégageant un peu la lame de dedans le fourreau.

31. *Sabre à la main.*

En un temps, comme au vingt-huitième commande-ment à pied,

32.

32. *Remettez le fabre.*

En deux temps, comme au vingt-neuvième commandement à pied; fans quitter les rênes; & tout de fuite en
deux temps on les ajuftera comme à l'avertiffement.

33. *Haut le moufqueton.*

En un temps: on le prendra avec la main droite à la
poignée, & on le portera fur la cuiffe le bout en haut.

34. *Décrochez le moufqueton.*

En un temps: on abaiffera le moufqueton avec la main
droite fur la main gauche, & on décrochera de la main
droite le moufqueton, qu'on élèvera enfuite fur la cuiffe
comme au commandement précédent.

35. *Moufqueton à la grenadière.*

En trois temps, comme aux trois derniers du vingt-
fixième commandement à pied.

36. *Reprenez le moufqueton.*

En deux temps: au premier, on prendra avec la main
droite la croffe du moufqueton qu'on tirera en avant.

Au deuxième, on paffera la main & le bras droit entre
le corps & le moufqueton , on le faifira par deffous à la
poignée, on le paffera en travers par deffus la tête, & on
le portera la croffe fur la cuiffe, le bout haut en avant.

37. *Remettez le moufqueton en fon lieu.*

En deux temps: au premier, tenant le moufqueton à la
poignée, on l'élèvera de la main droite à la hauteur de la
cravatte.

Au deuxième, on remettra le bout du moufqueton dans
fa botte, on engagera la croffe dans la courroie comme
on l'en a dégagée, & on bouclera la courroie.

DE L'INSPECTION A PIED.

LES Cavaliers qui auront été commandés à pied, étant arrivés au lieu du rendez-vous, s'y mettront en bataille fur un rang ou fur plufieurs, ainfi qu'il fera ordonné, à un pas de diftance l'un de l'autre, les pieds fur le même alignement, féparés d'un demi-pied, portant le moufqueton dans l'attitude expliquée au vingt-unième commandement du maniement des armes à pied.

Après que l'on aura examiné fi les Cavaliers font bien placés, s'ils portent bien leurs armes, & fi tout leur équipement eft en bon état, on leur fera exécuter les commandemens fuivans:

Prenez garde à vous, on va faire l'infpection.

A cet avertiffement, les Cavaliers placeront le porte-cartouche fur le devant de la hanche droite, ils le découvriront de la main droite, en renverfant les pattes, & les mettant entre le corps & le porte-cartouche.

1. Préfentez le moufqueton.

En deux temps: au premier, on portera la main droite à la poignée.

Au deuxième, on lèvera le moufqueton, & on le portera perpendiculairement devant foi, la platine en avant à la hauteur de la bouche, le coude droit ferré près du corps, la platine à hauteur de la cravatte, le pouce alongé fur la contre-platine.

Après ce premier commandement, on fera l'infpection du moufqueton & du porte-cartouche ; obfervant s'il fera.

garni au moins de quatre cartouches en poudre & en balles, d'une pierre, d'un tire-bourre & d'une pièce graffe.

2. *Portez le moufqueton.*

En deux temps : au premier, on portera le moufqueton à gauche vis-à-vis l'épaule, la main gauche fous la croffe, tenant le moufqueton perpendiculaire, le canon en dehors.

Au deuxième, comme au fecond temps du vingt-unième commandement du maniement des armes à pied.

Après l'exécution de ce commandement, les Cavaliers replaceront leur porte-cartouche.

3. *Paffez le moufqueton du côté de l'épée.*

En trois temps : au premier, on portera la main droite à la poignée, fans remuer le moufqueton.

Au deuxième, en levant le moufqueton de la main droite, la platine en dehors, on portera en même temps la main gauche au deffus & contre la platine, le pouce alongé le long du canon vis-à-vis le menton, le coude droit près du corps, le moufqueton droit entre les deux yeux.

Au troifième, quittant le moufqueton de la main droite, on portera la croffe à gauche, le tenant de la main gauche au deffus & contre la platine, le bras gauche demi-tendu, le poignet appuyé à la hanche gauche, tournant de cette même main le moufqueton, de manière que la baguette fe trouve du côté du corps : on la prendra tout de fuite avec le pouce & le premier doigt de la main droite, le pouce alongé vers le gros bout de la baguette.

4. *Tirez la baguette.*

En un temps, comme au dix-feptième commandement du maniement des armes à pied.

5. *Mettez la baguette dans le canon.*

En un temps : on mettra la baguette dans le canon, & on replacera la main droite au bout du mousqueton.

Après ce commandement, celui qui fera l'inspection examinera si les armes ne sont point chargées.

6. *Remettez la baguette.*

En un temps , comme au dix-neuvième commandement du maniement des armes à pied.

On ne fera les commandemens qui suivent, jusques & compris le dix-septième, que quand on voudra faire charger les armes : hors ce cas, on passera tout de suite du sixième commandement au dix-huitième.

7. *A droite, retirez le mousqueton.*

En un temps : on fera à droite sur le talon gauche, & on retournera en même temps le mousqueton, portant le bout à gauche & la crosse à droite, qu'on saisira de la main droite à la poignée, & qu'on appuiera à la hanche, plaçant le mousqueton horizontalement ou armes plattes, la contre-platine sur le ceinturon, la main gauche contre le haut de la platine, le pouce alongé le long du bois, les deux pieds sur la même ligne, la pointe du pied gauche regardant le bout du canon.

8. *Découvrez le bassinet.*

En un temps : on découvrira le bassinet en poussant ferme la batterie avec le pouce droit ; & on reportera la main droite à la poignée.

9. *Prenez la cartouche.*

10. *Déchirez la cartouche avec les dents.*

11. *Amorcez.*

12. *Fermez le baſſinet.*

13. *Paſſez le mouſqueton du côté de l'épée.*

14. *Mettez la cartouche dans le canon.*

15. *Tirez la baguette.*

16. *Bourrez.*

17. *Remettez la baguette.*

18. *Haut le mouſqueton.*

19. *Portez le mouſqueton.*

Ces onze commandemens s'exécuteront comme il eſt dit au maniement des armes à pied, depuis le onzième commandement juſques & compris le vingt-unième.

20. *Mouſqueton à la grenadière.*

21. *Préparez-vous pour mettre le ſabre à la main.*

22. *Sabre à la main.*

Ces trois commandemens s'exécuteront comme aux vingt-ſixième, vingt-ſeptième & vingt-huitième du maniement des armes à pied.

23. *Préſentez le ſabre.*

En un temps : on portera le ſabre bruſquement devant ſoi, préſentant le plat de la lame la pointe haute , le bras demi-tendu, le bout du pouce contre la coquille, la coquille à hauteur de la cravatte ; & après que le côté droit aura été vû, on fera tourner la poignée du ſabre dans la main, pour faire voir l'autre côté de la lame, à meſure que l'Officier faiſant l'inſpection arrivera. Lorſqu'il l'aura vûe des deux côtés, on fe remettra dans la première pofition de fabre préfenté; & quand il fera paffé, les Cavaliers remettront le fabre à l'épaule.

24. *Remettez le fabre.*

25. *Portez le moufqueton.*

Comme aux vingt-neuvième & trentième commandemens du maniement des armes à pied.

Lorfqu'une troupe fortira du fervice à pied, le Commandant fera décharger les armes aux Cavaliers avant de les renvoyer au quartier.

DE L'INSPECTION A CHEVAL.

QUAND les Cavaliers qui auront été commandés à cheval, feront arrivés au rendez-vous, ils s'y mettront en bataille fur un ou plufieurs rangs, felon qu'il fera ordonné.

Le Commandant pourra faire défiler les Cavaliers pour les voir, en allant par leur gauche, & en revenant par leur droite, & examiner s'il ne manque rien à leur équipement ou à celui de leurs chevaux: il paffera du moins devant & derrière chaque rang pour faire cet examen.

Lorfqu'il l'aura fini, il fera compter les Cavaliers par quatre, jufqu'à la fin de chaque rang.

Il fera enfuite les commandemens fuivans:

Prenez garde à vous; préparez-vous pour l'infpection.

A cet avertiffement, les Cavaliers ajufteront les rênes en deux temps, comme au maniement des armes à cheval,

& ils placeront le porte-cartouche comme à l'inspection à pied.

1. *Dégagez le mousqueton.*

2. *Haut le mousqueton.*

Comme aux premier & deuxième commandemens du maniement des armes à cheval.

3. *Présentez le mousqueton.*

En un temps : on présentera le mousqueton , le tenant par la poignée perpendiculairement , le pouce alongé sur la contre-platine , & la platine en avant.

Après ce commandement, on fera l'inspection du mousqueton.

4. *Haut le mousqueton.*

En un temps : on portera la crosse sur le haut de la cuisse droite , le bout du mousqueton haut en avant.

5. *Passez le mousqueton du côté de l'épée.*

En deux temps : au premier, portant le bout du mousqueton à droite, on fera passer la crosse à gauche entre les rênes & le corps, tournant la platine en dessus, la baguette du côté du corps : on saisira le mousqueton de la main gauche, au dessus & contre la platine , sans quitter les rênes.

Au deuxième, en plaçant la crosse entre la fonte & l'épaule du cheval, on tiendra le bout du mousqueton vis-à-vis l'épaule droite, & de la main droite on prendra la baguette avec le pouce & le premier doigt que l'on repliera ainsi que les autres , alongeant le pouce vers le bout de la baguette.

6. *Tirez la baguette.*

En un temps, comme au dix-septième du maniement des armes à pied.

7. *Mettez la baguette dans le canon.*

En un temps: on mettra la baguette dans le canon ; & avec la main droite on empoignera le bout du mousqueton, le pouce alongé le long du bois.

Après l'exécution de ce commandement, on examinera la cartouche & si les armes ne font point chargées, & les Cavaliers replaceront ensuite la cartouche.

8. *Remettez la baguette.*

En un temps, comme au dix-neuvième du maniement des armes à pied.

9. *Haut le mousqueton.*

En deux temps, comme au dix-huitième du maniement des armes à cheval.

On ne fera les commandemens qui suivent, jusques & compris le vingt-unième, que quand on voudra faire charger les armes : hors ce cas, on passera tout de suite du neuvième commandement au vingt-deuxième.

10. *Retirez le mousqueton.*

En un temps, comme au septième du maniement des armes à cheval.

11. *Découvrez le bassinet.*

En un temps : on découvrira le bassinet en pouffant ferme la batterie avec le pouce droit, & on reportera la main à la poignée.

12. *Prenez la cartouche.*

En un temps, comme au neuvième du maniement des armes à cheval.

13. *Déchirez*

13. *Déchirez la cartouche avec les dents.*

14. *Amorcez.*

15. *Fermez le baffinet.*

Ces trois commandemens s'exécuteront comme aux douzième, treizième & quatorzième du maniement des armes à pied.

16. *Paffez le moufqueton du côté de l'épée.*

En deux temps, comme au treizième du maniement des armes à cheval.

17. *Mettez la cartouche dans le canon.*

18. *Tirez la baguette.*

19. *Bourrez.*

20. *Remettez la baguette.*

Ces quatre commandemens, comme aux feizième, dix-feptième, dix-huitième & dix-neuvième du maniement des armes à pied.

21. *Haut le moufqueton.*

En deux temps, comme au dix-huitième du maniement des armes à cheval.

22. *Moufqueton à la grenadière.*

En trois temps, comme au trente-cinquième du maniement des armes à cheval.

23. *Prenez le piftolet gauche.*

En deux temps : au premier, on prendra avec la main droite le piftolet gauche à la croffe, par-deffus les rênes & la main gauche.

Au deuxième, on le tirera de la fonte & on le mettra

d

dans la main gauche, dont on le prendra à la poignée, le tenant droit, la platine en avant.

24. *Mettez la baguette dans le canon.*

En un temps : on tirera la baguette de fon lieu, & on la mettra dans le canon.

25. *Prenez le piftolet droit.*

En deux temps : au premier, on portera la main droite fur le piftolet droit, les doigts entre la croffe & la felle, les ongles & le pouce en deffus de la croffe.

Au deuxième, on le tirera brufquement en le retournant : on le placera à côté de l'autre & on le tiendra avec la main gauche en paffant les doigts dans la foûgarde.

26. *Mettez la baguette dans le canon.*

En un temps, on tirera la baguette & on la mettra dans le canon ; & reprenant ce piftolet avec la main droite à la poignée, on les tiendra tous les deux au deffus du pommeau de la felle, les platines en avant.

Après ce commandement, on verra fi les piftolets ne font pas chargés ; & dès que le Commandant fera paffé, les Cavaliers remettront le piftolet droit dans la main gauche, comme au deuxième temps du vingt-cinquième commandement.

27. *Remettez les baguettes.*

En deux temps : au premier, on retirera la baguette du canon du dernier piftolet & on la mettra en fon lieu.

Au deuxième, on retirera l'autre baguette du canon, on la remettra en fon lieu, & on reportera la main droite à la poignée dudit piftolet.

28. *Remettez le dernier piftolet.*

En un temps : on le remettra dans la fonte gauche.

On paſſera les commandemens ſuivans juſques & compris le trente-ſixième, quand on ne voudra point faire
charger les piſtolets.

29. *Découvrez le baſſinet.*

En deux temps : au premier, on prendra avec la main
droite le premier piſtolet par la poignée, & on le baiſſera
ſur la main gauche.

Au deuxième, on découvrira le baſſinet en pouſſant
ferme la batterie avec le pouce droit, & on reportera la
main droite à la poignée.

30. *Prenez la cartouche.*

31. *Déchirez la cartouche avec les dents.*

32. *Amorcez.*

Comme aux douzième, treizième & quatorzième commandemens.

33. *Fermez le baſſinet.*

En un temps : on fermera le baſſinet, & du même temps
on pouſſera la croſſe du piſtolet à gauche avec la main
droite, tenant toûjours la cartouche dans les doigts, & le
piſtolet de la main gauche, la platine en deſſus.

34. *Mettez la cartouche dans le canon.*

En un temps : on mettra la cartouche dans le canon,
on ſaiſira la baguette avec le pouce & les deux premiers
doigts, la paume de la main vers le bout du piſtolet.

35. *Tirez la baguette.*

En un temps : on tirera bruſquement la baguette, & en
la retournant on préſentera le gros bout vis-à-vis le canon.

d ij

36. *Bourrez.*

En un temps: on bourrera deux fois, on remettra la baguette en son lieu, & on prendra le piſtolet avec la main droite à la poignée, le tenant droit devant ſoi.

37. *Remettez le piſtolet.*

En deux temps: au premier, on mettra le piſtolet dans la fonte.

Au deuxième, on portera la main droite ſur la cuiſſe droite.

On paſſera encore le commandement qui ſuit ſi l'on ne veut pas faire charger les piſtolets.

38. *Piſtolet à la main.*

En deux temps: au premier, on portera la main droite ſur la croſſe du piſtolet gauche, par deſſus la main gauche & les rênes.

Au deuxième, on le tirera de la fonte, & on le portera ſur la main gauche, dont on l'empoignera, tenant le bout un peu élevé.

Pour charger ce ſecond piſtolet & le remettre, on répétera les mêmes commandemens que pour le premier, à commencer du vingt-neuvième juſques & compris le trente-ſeptième.

39. *Préparez-vous pour mettre le ſabre à la main.*

En un temps, comme au trentième du maniement des armes à cheval.

40. *Sabre à la main.*

En un temps, comme au vingt-huitième du maniement des armes à pied.

41. *Préfentez le fabre.*

En un temps, comme au vingt-troifième de l'infpection à pied.

Après ce commandement, le Commandant fera l'infpection du fabre.

42. *Remettez le fabre.*

En deux temps, comme au vingt-neuvième du maniement des armes à pied, fans quitter les rênes, que l'on ajuftera tout de fuite fans commandement.

43. *Reprenez le moufqueton.*

44. *Remettez le moufqueton en fon lieu.*

Comme aux trente-fixième & trente-feptième du maniement des armes à cheval.

Si on veut faire l'infpection à pied d'une troupe qui eft à cheval, on la fera mettre pied à terre après le quarante-deuxième commandement, comme il fera dit ci-après à la cinquième manœuvre pour une compagnie: on fera enfuite les commandemens de l'infpection à pied qu'on jugera néceffaires; & après que la troupe fera remontée à cheval, on fera les quarante-troifième & quarante-quatrième commandemens.

DES PRINCIPES GE'NE'RAUX
POUR LES MANŒUVRES.

Pour faire manœuvrer une troupe, il faut être inftruit des principes généraux fur lefquels fes mouvemens doivent être réglés.

Rangs & files.   UN rang eſt formé de pluſieurs hommes placés à côté les uns des autres.

Une file eſt formée de pluſieurs hommes, les uns derrière les autres.

Les hommes d'un même rang doivent être bien alignés, ni trop ouverts ni trop ſerrés.

Pour être bien alignés, ſoit à pied, ſoit à cheval, il faut que les épaules des Cavaliers ſoient ſur la même ligne.

Pour n'être ni trop ouverts ni trop ſerrés, ſi c'eſt à pied, il faut que les coudes ſe touchent ſans ſe gêner; ſi c'eſt à cheval, que les bottes ſe touchent ſans que les Cavaliers ſe ſerrent, ni ſe bleſſent réciproquement.

Les rangs ſeront toûjours auſſi ſerrés qu'il ſera poſſible, ſans donner d'atteintes aux chevaux.

Silence.   TOUTE troupe étant ſous les armes, obſervera le ſilence pour entendre le commandement, & on punira ceux qui ne le garderont pas.

Commandemens.   CHAQUE commandement ſera précédé de cet avertiſſement: *Prenez garde à vous*, après lequel on expliquera aux Cavaliers ce qu'ils devront exécuter. Ils ne ſe mettront en mouvement qu'au mot *Marche*, ſi c'eſt pour aller en avant; ou *Reculez*, ſi c'eſt pour aller en arrière, & ils ne s'arrêteront qu'au mot *Halte*. Si l'on veut qu'ils marchent en avant, après un quart de converſion, on dira: *Marchez droit*.

La première règle pour ſe mouvoir & pour marcher, eſt de s'éloigner le moins qu'il eſt poſſible de l'ordre de bataille, & de préférer les manœuvres par leſquelles on peut le plus promptement & avec moins de chemin ſe reformer.

On obfervera auffi de faire tous les mouvemens quarrément, autant qu'il fera poffible.

LORSQUE les Cavaliers marcheront devant eux, ils regarderont leur droite pour s'aligner fur elle.

Regarder fa droite en marchant en avant.

ON ne fera jamais rompre ou tourner une troupe fans l'ébranler auparavant.

Converfions.

Dans tous les mouvemens qui fe font à droite, la gauche marchant, le Cavalier doit toûjours regarder fa droite, plaçant la tête de ce côté, & ne fe féparer jamais de celui qui eft à fa droite.

Quand le mouvement fe fera à gauche, la droite marchant, il obfervera au contraire de regarder fa gauche, la tête tournée de ce côté, & de ne fe point féparer du Cavalier de fa gauche.

Lorfqu'une troupe marchant en colonne tournera fur fa droite ou fur fa gauche, les Cavaliers qui fuivent marcheront droit devant eux jufqu'au terrein où ceux qui les précèdent auront tourné, fans fe porter d'avance ni fur leur droite ni fur leur gauche.

Lorfqu'on fera un quart de converfion à droite ou à gauche, fur-tout fi c'eft par efcadron entier, on obfervera principalement d'éviter que le centre de l'efcadron ne refte en arrière; & pour cet effet, la partie la plus voifine du pivot doit plûtôt marcher un peu en avant, & finir fon mouvement la première, parce que l'aîle qui marche aura toûjours la facilité de la rejoindre.

Les Cavaliers des deuxième & troifième rangs obferveront de fuivre exactement leurs chefs de file, fur-tout

dans les quarts de converſion; & pour y parvenir, ils ſe
porteront un peu vers le côté oppoſé à celui ſur lequel
la troupe tournera.

Diſtances. LES Commandans de troupe auront continuellement
attention à ne jamais laiſſer plus d'intervalle d'une diviſion
à l'autre, qu'il n'en faut à leur diviſion pour ſe remettre
en bataille; obſervant que comme chaque cheval occupe
un pas de front, & trois pas en ſa longueur, la diviſion
qui le précède lui laiſſera ſix pas au de-là de l'intervalle
qui ſera entre les deux troupes, ſi on eſt à cheval ſur deux
rangs; & neuf pas ſi on eſt à cheval ſur trois rangs; &
conſéquemment que l'intervalle qu'il aura à conſerver,
devra être moindre de ſix ou de neuf pas, que l'étendue
du front de ſa troupe.

Lorſqu'une troupe marche par un, par deux, ou par
quatre Cavaliers, comme elle occupe alors plus de terrein
qu'il ne lui en faut pour ſe remettre en bataille, on n'obſervera point de diſtance entre les rangs, ni entre les compagnies & eſcadrons, qu'autant qu'il ſera néceſſaire pour
la place de l'Officier qui les commandera.

La diſtance ordinaire d'un eſcadron à l'autre, étant en
bataille, doit être de vingt-quatre pas, c'eſt-à-dire, de la
moitié du front de l'eſcadron.

Les eſcadrons qui ſeront en ſeconde ligne, conſerveront
d'un eſcadron à l'autre une diſtance égale à leur front.

Lorſqu'une troupe ſera en colonne, au commandement
de *Marche*, toutes les diviſions ſe mettront en mouvement
en même temps, pour conſerver toûjours le même intervalle de l'une à l'autre.

LORSQU'ON

Lorsqu'on fera un commandement différent pour *Commandemens compofés.* la droite & pour la gauche, le commandement pour la droite fera toûjours énoncé le premier.

On fera d'abord exécuter les manœuvres au pas & *Execution des manœuvres.* lentement, enfuite plus légèrement à mefure que la troupe fe trouvera plus inftruite, jufqu'à ce qu'elle puiffe les faire avec toute la vivacité néceffaire.

On fera auffi exécuter à pied celles qui devront être faites à cheval, afin que l'attention du Cavalier n'étant point divifée par le foin de conduire fon cheval, il conçoive plus aifément ce qu'il aura à faire.

Toute la Cavalerie s'inftruira à appuyer fur fa droite & fur fa gauche, en fuyant des talons.

Elle fera exercée, tantôt fur deux rangs & tantôt fur trois rangs; l'intention du Roi étant qu'elle fache combattre de ces deux manières: cependant, attendu que fa compofition actuelle convient mieux pour fe former fur deux rangs, on préférera cette façon dans le cours ordinaire du fervice.

Les régimens raffemblés, ou les compagnies féparées, s'exerceront au moins deux fois la femaine, depuis le premier mai jufqu'au femeftre, & une fois par femaine pendant l'hiver.

DES MANŒUVRES

POUR UNE COMPAGNIE.

Les Cavaliers étant inftruits des différens maniemens des armes, on les réunira à la compagnie pour les exercer

e

avec elle, au nombre de vingt-quatre feulement, foit que l'exercice fe faffe à pied ou à cheval, & qu'il foit général ou particulier.

Les vingt-quatre Cavaliers commandés par compagnie, fe rendront au rendez-vous indiqué à leur quartier, ou à la porte du Commandant de la troupe, une demi-heure avant celle qui aura été marquée pour l'exercice.

Ils y amèneront leurs chevaux, les tenant de la main droite par la branche gauche du mors, le bout des rênes dans la main gauche.

Ils fe rangeront par ancienneté fur un feul rang; le Commandant en fera l'infpection à pied, ou à cheval après les y avoir fait monter.

Il difpofera enfuite la compagnie pour être fur deux rangs, dans l'ordre qui fuit : les deux Brigadiers reftant à la droite de la compagnie, il fera paffer par derrière deux Carabiniers, qu'il placera le onzième & le douzième du rang, & deux anciens Cavaliers, les treizième & vingt-quatrième, de manière que quand on formera les rangs, les droites & les gauches fe trouveront garnies des plus anciens Cavaliers de la compagnie; ce qu'il obfervera également fi la compagnie fe trouvoit au deffous du nombre de vingt-quatre.

Il fera compter tous ces Cavaliers par quatre, commençant par la droite.

Il fera rompre la compagnie comme il le jugera à propos, pour la conduire fur le terrein deftiné pour l'exercice.

Il l'y fera reformer fur un feul rang.

Il lui fera exécuter le maniement des armes; & à l'avertiffement qui le précède, les Officiers pafferont en avant, & s'aligneront derrière celui qui le commande, le Maréchal-des-logis fe tenant derrière.

Le maniement des armes étant fini, le Commandant dira : *Meffieurs, le maniement des armes eft fini.* A cet avertiffement, les Officiers viendront fe placer à la tête de leur compagnie, & le Maréchal-des-logis reftera derrière.

Il fera faire enfuite telles des manœuvres fuivantes qu'il jugera à propos, ayant foin cependant que les Cavaliers foient exercés à les faire toutes.

AU PAS ET AU TROT.
1.re *MANŒUVRE.*

ON fera d'abord faire cette manœuvre au pas & lentement, enfuite on la fera exécuter au trot.

Prenez garde à vous.
Au trot, marche.
1.er Commandement.

La compagnie marchera au trot, droit devant elle.

Prenez garde à vous.
A droite par compagnie.
Marche.
2.me

La droite foûtiendra le Cavalier qui la ferme, faifant feulement un à droite: la gauche marchera jufqu'au commandement *Halte*, & ce mouvement fe fera légèrement.

Prenez garde à vous.
Au trot, marche.
3.me

c ij

A gauche par compagnie.
Marche.

La gauche foûtiendra ; la droite marchera légèrement
jufqu'au commandement *Halte.*

4.me
Commandement.

Prenez garde à vous.
Au trot, marche.

Par compagnie demi-tour à droite.
Marche.

La droite foûtiendra ; la gauche fera légèrement la demi-
converfion, & s'arrêtera au commandement *Halte.*

5.me

Prenez garde à vous.
Au trot, marche.

Par compagnie demi-tour à gauche.
Marche.

La gauche foûtiendra ; la droite fera légèrement la demi-
converfion, & s'arrêtera au commandement *Halte.*

6.me

Prenez garde à vous.
Préparez-vous pour mettre le fabre à la main.

En un temps, comme au trentième du maniement des
armes à cheval.

7.me

Sabre à la main.

En un temps, comme au vingt-huitième du maniement
des armes à pied.

8.me

Prenez garde à vous.

Au trot, marche.

On marchera au trot, bien alignés, ni trop ouverts, ni trop ferrés.

Sonnez la charge.

9.me
Commandement.

Lorfque le Trompette fonnera la charge, les Cavaliers fe lèveront droit fur leurs étriers, & porteront leur fabre haut comme s'ils vouloient frapper, tenant la lame un peu en travers, la pointe en arrière, plus haute d'un pied que la main.

Halte.

I 0.me

Portez vos fabres.

Au trot, marche.

Ils feront halte, mettront leur fabre à l'épaule, & remarcheront au trot jufqu'au commandement *Halte;* enfuite on fera remettre les fabres.

TIRER EN AVANT.

IIme
MANŒUVRE.

COMME les chevaux étant habitués à manœuvrer dans le rang, on a fouvent beaucoup de peine à les en faire fortir; pour leur ôter ce vice & les accoûtumer au feu, on fera fortir un, deux ou trois Cavaliers en avant du rang; obfervant de ne pas choifir ceux qui fe joignent, mais le premier, le quatrième, le feptième, & ainfi des autres: on leur fera accrocher leur moufqueton, le tirer, le laiffer tomber, mettre le fabre à la main, le laiffer tomber pendu à la main par le cordon, tirer un ou les deux piftolets, reprendre leur fabre, le remettre; après quoi ils iront fe replacer dans le rang en paffant par derrière.

On en ufera ainfi pour toute la compagnie fucceffivement.

SE FORMER SUR DEUX RANGS.

AVANT de faire le commandement pour mettre la compagnie fur deux rangs, le Commandant en marquera la moitié, & avertira le premier & le treizième Cavalier de foûtenir, le douzième & le vingt-quatrième de marcher.

1.er
Commandement.

Prenez garde à vous.

Marche.

A droite par demi-compagnie, formez deux rangs.
Marche.

Le premier & le treizième Cavalier foûtiendront en faifant fimplement à droite ; le douzième & le vingt-quatrième marcheront, & ne s'arrêteront qu'au commandement *Halte.*

2.me

Prenez garde à vous.

Je parle au fecond rang pour ferrer en avant.

Marche.

Le fecond rang ferrera fur le premier le plus près qu'il pourra, les Cavaliers fe plaçant exactement derrière leurs chefs de file, qu'ils auront l'attention de connoître & de fuivre dans tous les mouvemens avec la plus grande précifion.

Le Commandant avertira alors la file de fa droite, compofée de deux hommes, qu'elle eft fa droite, & la file de fa gauche qu'elle eft fa gauche ; il avertira de même la fixième file qu'elle eft la gauche de la demi-compagnie, & la feptième qu'elle eft la droite de la demi-compagnie.

Il aura la même attention à avertir les droites & les gauches de la compagnie, lorfqu'elle fera formée fur trois rangs.

Prenez garde à vous.

Marche.

A gauche par compagnie.

Marche.

La file de la droite marchera pendant que celle de la gauche foûtiendra : l'homme de la gauche du premier rang fera fimplement à gauche, celui de la gauche du fecond rang fe portera un peu à droite pour fe trouver derrière fon chef de file ; le tout s'arrêtera au commandement *Halte*.

DEMI-TOUR A DROITE PAR HOMME.

Prenez garde à vous.

Vous allez faire demi-tour à droite par homme.

Je parle au premier rang pour marcher trois pas en avant.

Marche.

Le premier rang marchera trois pas, & fera *halte* à ce commandement.

Par un Cavalier d'intervalle, bride en main.

Reculez.

Les nombres pairs reculeront de la longueur d'un cheval, tous feront tout de fuite demi-tour à droite ; & ceux qui avoient reculé rentreront dans leurs rangs fans commandement, en marchant en avant.

On répétera cette manœuvre une seconde fois.

On ne la fera qu'en cas de néceffité; on n'en donne la méthode que pour tâcher qu'elle se faffe avec le moins de confufion qu'il sera poffible.

METTRE PIED A TERRE.

Prenez garde à vous.

Pour mettre pied à terre.

Par un Cavalier d'intervalle, bride en main.

Reculez.

Les Cavaliers qui ont compté les nombres pairs, reculeront de la longueur d'un cheval.

S'il falloit faire ce mouvement en avant, on se fervira du commandement fuivant.

Par un Cavalier d'intervalle, en avant.

Marche.

Les Cavaliers qui ont compté les nombres impairs, marcheront en avant de la longueur de leurs chevaux.

2.^e

Pied à terre.

En deux temps : au premier, ils quitteront l'étrier droit, & avec la main droite ils prendront l'étrivière, relèveront l'étrier fur le col des chevaux, en tirant & faifant paffer l'étrivière par deffous le quartier de la felle; ils prendront dans le même inftant une poignée de crin avec la main gauche fans quitter les rênes, & mettront la main droite fur l'arçon de devant, les doigts en dedans & le pouce en dehors.

Au

Au deuxième, s'appuyant fur l'arçon de devant, ils s'élèveront fur l'étrier gauche, pafferont la jambe droite tendue par deffus la croupe, & prendront en même temps le trouffequin avec la main droite pour fe foûtenir en arrivant à terre : ils prendront tout de fuite l'étrier gauche, tirant & faifant paffer l'étrivière, ainfi qu'ils auront fait de la droite, fous le quartier de la felle ; mettront l'étrier fur le col du cheval, & pafferont le bras gauche dans les rênes, faifant face à leurs chevaux, & tenant de la main gauche la branche gauche du mors.

Reprenez vos rangs.

3.^e
Commandement.

En un temps: ils feront un demi-tour à droite, tournant le dos à leurs chevaux ; & les Cavaliers comptés pairs s'avanceront pour rentrer dans le rang, & s'aligner avec ceux qui font devant eux, quittant tous la branche du mors.

MONTER A CHEVAL.

VIe
MANŒUVRE.
Ier
Commandement.

Prenez garde à vous.

A cheval.

En trois temps: au premier, tous les Cavaliers feront demi-tour à gauche fur le talon gauche, prendront le bout des rênes avec la main droite, les pafferont fur le col du cheval ; & avec la gauche, ils prendront la branche gauche du mors, & abattront l'étrier de la main droite.

Au deuxième, les Cavaliers qui font comptés pairs, feront reculer leurs chevaux, prendront une poignée de crin de la main gauche, & de la droite l'étrier; chaufferont le pied gauche dedans, & enfuite porteront la main droite au trouffequin.

Au troifième, avec l'aide des deux mains & l'appui du pied gauche, ils monteront à cheval légèrement & enfemble, abattront l'étrier droit, ajufteront les rênes & reprendront leur rang fans autre commandement.

f

Prenez garde à vous.

Je parle au second rang pour ferrer en avant.

Marche.

Le second rang ferrera en avant tout près du premier.

Après cette manœuvre on dira : *Messieurs les Officiers, dans le rang ;* & à cet avertissement, le Commandant demeurant en avant, les autres Officiers se mettront à la droite & à la gauche du premier rang, alignés avec lui.

*VIIe
MANŒUVRE.*

DES A DROITE ET A GAUCHE
PAR DEMI-COMPAGNIE.

*1.er
Commandement.*

Prenez garde à vous, marche.

A droite par demi-compagnie.

Marche.

La première & la septième file soûtiendront, la sixième & la douzième marcheront, & ne s'arrêteront qu'au commandement *Halte.*

2.^e

Prenez garde à vous, marche.

A gauche par demi-compagnie.

Marche.

Les files qui se trouveront tout-à-fait à la gauche, soûtiendront ; celles qui ferment la droite, marcheront & s'arrêteront lorsqu'elles seront à la hauteur de celles qui ont soûtenu, & qu'elles seront alignées avec leur rang.

3.^e

Prenez garde à vous, marche.

Par demi-compagnie, demi-tour à droite.

Marche.

Les première & septième files soûtiendront, les sixième & douzième marcheront, & s'arrêteront ainsi qu'au deuxième commandement.

Prenez garde à vous, marche.

Par demi-compagnie, demi-tour à gauche.

Marche.

4.e Commandement.

Les sixième & douzième files soûtiendront, les première & septième files marcheront, & s'arrêteront ainsi qu'aux commandemens précédens.

Cette manœuvre demande plus d'attention pour l'exécution lorsque la compagnie ne se trouve pas complette au nombre de vingt-quatre Cavaliers.

DES A DROITE ET A GAUCHE
PAR COMPAGNIE.

VIIIe MANŒUVRE.
Ire Commandement.

Prenez garde à vous ; marche.

A droite par compagnie.

Marche.

La file de la droite soûtiendra, la gauche marchera jusqu'au commandement *Halte.*

Prenez garde à vous ; marche.

A gauche par compagnie.

Marche.

2.^e

La file de la gauche soûtiendra, & celle de la droite marchera jusqu'au commandement *Halte.*

f ij

3.e
Commandement.

Prenez garde à vous ; marche.

Par compagnie demi-tour à droite.

Marche.

La file de la droite foûtiendra, celle de la gauche marchera & fera une demi-converfion jufqu'au commandément *Halte.*

4.e

Prenez garde à vous ; marche.

Par compagnie demi-tour à gauche.

Marche.

La file de la gauche foûtiendra, & celle de la droite marchera pour faire une demi-converfion, jufqu'au commandement *Halte.*

Cette manœuvre eft la meilleure de toutes pour fe rompre à droite & à gauche & faire face derrière foi.

IX.e
MANŒUVRE.

ROMPRE LA COMPAGNIE ET MARCHER EN AVANT PAR QUATRE.

Prenez garde à vous.

Pour rompre la compagnie & marcher en avant par quatre.

Marche.

Les quatre Cavaliers de la droite du premier rang marcheront en avant, les huit autres du même rang fe rompront à droite par quatre & fuivront les premiers. Dès qu'ils auront fait encore un quart de converfion à gauche, les quatre de la droite du fecond rang les fuivront, pendant que les huit autres du même rang fe rompront à droite par quatre.

REMETTRE LA COMPAGNIE EN BATAILLE X.^e MANŒUVRE.
EN AVANT.

Halte.

Pour remettre la compagnie fur deux rangs en avant.

Marche.

Les quatre Cavaliers qui forment le premier rang, marcheront quatre pas; ceux du deuxième rang feront un quart
de converfion à gauche pour fe former par un quart de
converfion à droite, à côté du premier rang, pendant que
les quatre autres rangs marcheront toûjours en avant; le
troifième fera fon quart de converfion à gauche lorfqu'il
fera arrivé à la place où le deuxième l'a fait, & fe reformera enfuite; le quatrième ferrera fur le premier & fera
halte; le cinquième fera ce qu'a fait le deuxième; & le
fixième, ce qu'a fait le troifième.

ROMPRE LA COMPAGNIE ET MARCHER XIe MANŒUVRE.
A DROITE PAR QUATRE.

Prenez garde à vous.

Pour rompre la compagnie à droite par quatre.

Marche.

Le premier rang fera à droite par quatre; lorfque les
derniers Cavaliers de ce rang auront dépaffé le fecond
rang, celui-ci marchera en avant fur le terrein qu'occupoit
le premier, fera de même à droite par quatre, & fuivra.

FORMER LA COMPAGNIE SUR SA GAUCHE. XIIe MANŒUVRE.

Halte.

Pour former la compagnie fur deux rangs à gauche.

Marche.

Les trois premiers rangs feront à gauche par quatre, &
marcheront quatre pas en avant, pendant que les trois autres
marcheront toûjours devant eux jufqu'à ce que le quatrième
rang foit arrivé à la hauteur du quatrième Cavalier du premier
rang; alors les trois derniers rangs feront de même à gauche
par quatre.

XIII.ᵉ **ROMPRE LA COMPAGNIE ET MARCHER**
M ANŒUV RE. **A GAUCHE PAR QUATRE.**

Prenez garde à vous.

*Pour rompre la compagnie & marcher à gauche
par quatre.*

Marche.

Les quatre Cavaliers de la droite marcheront quatre pas
en avant & feront un quart de converfion à gauche; les
quatre d'enfuite marcheront auffi quatre pas en avant &
feront le même quart de converfion; lorfque les premiers
feront paffés, les quatre autres en feront de même.

Ceux de la droite du fecond rang marcheront en
avant dès que ceux qui font devant eux leur auront laiffé le
terrein libre; & les autres en uferont comme aura fait le
premier rang.

Lorfque les compagnies ne feront pas dans l'obligation
de marcher par leur droite, & qu'on voudra fimplement
marcher à gauche, on les fera marcher à colonne renverfée, exécutant par la gauche ce qu'on a exécuté par la
droite à la onzième manœuvre; & alors, pour les remettre,
on exécutera la douzième manœuvre en faifant les quarts
de converfion à droite.

FORMER LA COMPAGNIE SUR SA DROITE.

Halte.

Pour former la compagnie sur deux rangs à droite.

Marche.

Le premier rang fera un quart de converfion à droite & marchera quatre pas, les autres marchant toûjours : lorfque le deuxième rang fera arrivé à la hauteur de la gauche du premier, il fera fon quart de converfion à droite ; & ainfi du troifième, lorfqu'il fera arrivé à la gauche du deuxième ; le quatrième fera fon quart de converfion lorfqu'il fera arrivé à la hauteur de la droite du premier, & marchera pour ferrer deffus ; le cinquième & le fixième en uferont comme le deuxième & le troifième.

DEFILER PAR UN, DEUX, QUATRE.

Prenez garde à vous.

Pour marcher un, deux, quatre.

Marche.

Pour exécuter ce commandement, tout le premier rang fera d'abord les mouvemens ci-après, & le fecond le fuivra.

Si on marche par un, le deuxième Cavalier viendra prendre la place du premier & le fuivra ; fi on a commandé de marcher par deux, le troifième & le quatrième Cavalier viendront, par un à droite par deux, prendre la place des deux premiers ; & fi on a commandé de marcher par quatre, tout le premier rang fera à droite par quatre, comme il eft dit à la neuvième manœuvre.

XVIme **MANŒUVRE.** ### *DOUBLER LES RANGS, ET SE FORMER*
PAR COMPAGNIE.

Lorfqu'après avoir défilé par un, on voudra former la compagnie, on la fera d'abord marcher par deux, enfuite par quatre, & enfin on la fera former en avant comme à la dixième manœuvre; & pendant tout le temps que les rangs doubleront, le premier rang fera halte, pour attendre la queue de la compagnie.

1.er **Commandement.**

Prenez garde à vous.

Pour marcher deux.

Marche.

Le premier rang s'arrêtera jufqu'à ce que les derniers Cavaliers aient doublé; après quoi on les fera marcher tous.

2.me

Prenez garde à vous.

Pour marcher quatre.

Marche.

Le premier rang s'arrêtera jufqu'à ce que les derniers rangs aient doublé par quatre; après quoi on marchera.

3.me

Prenez garde à vous.

Pour former la compagnie fur deux rangs en avant.

Marche.

La compagnie fe formera en avant comme à la dixième manœuvre.

Cette méthode remédiera à l'inconvénient dans lequel on tombe ordinairement quand on fe forme après avoir défilé,

défilé, qui eſt que la queue de la compagnie eſt obligée de courir, ce qui eſt plus ſenſible lorſqu'il y a pluſieurs compagnies & pluſieurs eſcadrons, & fait que les dernières troupes arrivent les chevaux étant eſſouflés & hors d'état de combattre.

BORDER LA HAIE POUR UNE REVUE.

XVII.ᵐᵉ
MANŒUVRE.
1.ᵉʳ
Commandement.

Preneʒ garde à vous.

Par compagnie demi-tour à droite.

Marche.

Ce mouvement ſe fera comme à la huitième manœuvre, troiſième commandement.

Preneʒ garde à vous.

2.ᵐᵉ

Je parle au premier rang pour marcher neuf pas en avant.

Marche.

Le premier rang marchera neuf pas, bien aligné, & s'arrêtera au commandement *Halte.*

Preneʒ garde à vous.

3.ᵐᵉ

A gauche par compagnie; bordeʒ la haie.

Marche.

La gauche de chaque rang ſoûtiendra, la droite marchera, & s'arrêtera auſſi-tôt que la compagnie ſe trouvera ſur un rang.

g

XVIII.ᵐᵉ MANŒUVRE.

SE REMETTRE SUR DEUX RANGS

Prenez garde à vous.

1.ᵉʳ Commandement.

A droite par demi-compagnie ; formez deux rangs.

Marche.

Comme au premier commandement de la troisième manœuvre.

Prenez garde à vous.

2.ᵐᵉ

Je parle au second rang pour serrer en avant.

Marche.

Comme au deuxième commandement de la même manœuvre.

Prenez garde à vous.

3.ᵐᵉ

Par compagnie demi-tour à gauche.

Marche.

Comme au quatrième commandement de la huitième manœuvre.

XIX.ᵐᵉ MANŒUVRE.

FORMER LA COMPAGNIE SUR TROIS RANGS.

Prenez garde à vous.

1.ᵉʳ Commandement.

Je parle au premier rang pour marcher neuf pas en avant.

Marche.

Le premier rang marchera neuf pas, bien aligné, & s'arrêtera au commandement *Halte.*

Prenez garde à vous.

A gauche par compagnie, bordez la haie.

2.me
Commandement.

Marche.

La gauche de chaque rang soûtiendra, la droite marchera, & s'arrêtera dès que la compagnie se trouvera sur un seul rang.

La compagnie étant en haie, le Commandant la divisera en trois, & il fera ensuite les commandemens ci-après.

Prenez garde à vous.

A droite par tiers de compagnie, formez trois rangs.

3.me

Marche.

Les premier, neuvième & dix-septième Cavaliers soûtiendront; les huitième, seizième & vingt-quatrième marcheront, & s'arrêteront au commandement *Halte*.

Si la compagnie étoit au dessous du nombre de vingt-quatre, on laissera, s'il est nécessaire, une ou deux files par compagnie, qui n'auront que deux hommes de hauteur.

Prenez garde à vous.

Je parle aux deux derniers rangs pour serrer en avant.

4.me

Marche.

Les deux derniers rangs serreront tous près.

XXme MANŒUVRE. *REMETTRE LA COMPAGNIE SUR DEUX RANGS.*

Prenez garde à vous.

Ier Commandement. *Je parle aux deux premiers rangs,*

Pour prendre en avant cinq pas de diſtance d'un rang à l'autre.

Marche.

Le premier rang marchera, & ne ſera ſuivi par le deuxième que lorſqu'il ſe trouvera entr'eux l'intervalle de cinq pas ; on dira *Halte* dès que ce même intervalle ſe trouvera entre le deuxième & le troiſième rang, & les deux premiers rangs s'arrêteront.

Prenez garde à vous, marche.

2.me *A gauche par compagnie, bordez la haie.*

Marche.

Les gauches de chaque rang ſoûtiendront, & les droites marcheront juſqu'à ce que toute la compagnie ne forme qu'un rang.

Le Commandant marquera alors la demi-compagnie.

Prenez garde à vous.

3.me *A droite par demi-compagnie, formez deux rangs.*

Marche.

Comme au premier commandement de la troiſième manœuvre.

Prenez garde à vous.

4.me *Je parle au ſecond rang pour ſerrer en avant.*

Marche.

Comme au deuxième commandement de la même manœuvre.

Comme cette manœuvre, ainsi que la précédente, feroient dangereufes à faire à portée de l'ennemi ; en ce cas, on leur préférera celles qui fuivent.

FORMER LA COMPAGNIE SUR TROIS RANGS   XXI.me
PAR UNE AUTRE MÉTHODE.   MANŒUVRE.

Prenez garde à vous, vous allez vous former fur trois rangs.   1.er
Commandement.

Marche.

Que les quatre files du centre ne bougent pour former le troifième rang.

Je parle aux autres.

Marche.

Les quatre files de droite & de gauche marcheront en avant.

Formez le troifième rang.   2.me

Marche.

Les deux premiers rangs qui ont marché, appuyeront fur le centre ; & de ceux du centre qui font demeurés, les quatre du premier rang appuyeront à droite de la jambe gauche, les quatre du fecond rang appuyeront à gauche de la jambe droite ; & ayant doublé fur les autres, tous ferreront en avant, & le troifième rang fera formé.

Si les Cavaliers n'étoient pas encore formés à appuyer de la jambe gauche & de la jambe droite, on les fera marcher en avant pour ferrer fur le centre, en y portant la tête de leurs chevaux.

On fera exécuter à la compagnie formée fur trois rangs, les huitième, neuvième, dixième, onzième, douzième, treizième, quatorzième, quinzième & feizième manœuvres, en fe conformant aux principes généraux qui ont été établis.

Il faudra, lorfqu'on fera à droite à la huitième manœuvre, que les Cavaliers des deux derniers rangs portent la tête de leurs chevaux fur leur gauche, pour être exactement derrière leurs chefs de file ; & quand on fera à gauche, qu'ils portent de même la tête de leurs chevaux fur leur droite.

XXII.ᵐᵉ MANŒUVRE. REMETTRE LA COMPAGNIE SUR DEUX RANGS.

1.ᵉʳ Commandement.

Prenez garde à vous.
Vous allez vous former fur deux rangs.
Je parle aux deux premiers rangs.
Marche.

Les deux premiers rangs marcheront, & s'arrêteront au commandement *Halte.*

2.ᵐᵉ

Formez-vous fur deux rangs.

Les quatre Cavaliers de la droite des deux premiers rangs appuyeront à droite de la jambe gauche ; les quatre de la gauche appuyeront à gauche pour laiffer quatre pas de diftance dans le centre. De ceux qui formoient le troifième rang, les quatre de la droite marcheront en avant &

appuyeront à gauche ; les quatre de la gauche appuyeront à droite, & tous rentreront dans leur rang.

Si les Cavaliers n'étoient point encore exercés à appuyer à gauche & à droite, ils marcheront en avant pour ferrer fur le centre, en y tournant la tête de leurs chevaux.

Cet exercice étant fini, le Commandant de la compagnie la conduira au lieu où elle fe fera affemblée : il y fera mettre les Cavaliers pied à terre, & ils ramèneront leurs chevaux à l'écurie, les tenant de même qu'ils les auront amenés.

On en ufera de même toutes les fois que les Cavaliers reviendront de garde ou de détachement.

DES MANŒUVRES
POUR UN RÉGIMENT.

LES jours marqués pour l'exercice d'un régiment, les Cavaliers commandés par compagnie s'affembleront une demi-heure avant celle qui aura été donnée pour l'exercice, au rendez-vous indiqué pour chaque compagnie ; d'où les Commandans defdites compagnies, après en avoir fait l'infpection, & les avoir fait monter à cheval & former, comme il a été dit au titre des manœuvres pour une compagnie, les conduiront au rendez-vous général du régiment, laiffant au dernier rang les Cavaliers deftinés pour la petite troupe que l'on formera par chaque efcadron, lorfque le régiment fera raffemblé.

Les compagnies fe placeront en bataille, la première à la droite du premier efcadron, la deuxième à la droite du fecond efcadron, la troifième à la gauche du premier efcadron, la quatrième à la gauche du deuxième efcadron, la cinquième à la gauche de la première compagnie, la fixième à la gauche de la deuxième, la feptième entre la troifième & la cinquième, & la huitième entre la quatrième & la fixième.

Dans les régimens compofés d'un plus grand nombre d'efcadrons, on obfervera le même ordre, en plaçant alternativement les compagnies dans chaque efcadron, fuivant leur ancienneté.

Lorfqu'il y aura plufieurs régimens enfemble, ils garderont le même ordre entr'eux; & celui qui fermera la gauche commencera à former fes efcadrons par la gauche.

Les compagnies qui devront fermer les efcadrons, fe formeront par leur droite comme les autres.

Les compagnies ayant pris leur place dans l'efcadron, fe rendront, du lieu du rendez-vous général, fur celui qui aura été deftiné pour l'exercice, où elles fe formeront par compagnie dès que le terrein le permettra; & le régiment fe mettra en bataille fur deux rangs, les Officiers aux places qui leur font ci-après indiquées.

Lorfque quelques compagnies n'auront pû fournir le nombre de vingt-quatre hommes, on les égalifera enfemble, en leur faifant fe prêter des hommes mutuellement.

Étendards. Si le régiment eft en garnifon, on commandera un Lieutenant & un Brigadier fur tout le régiment, un Carabinier par chaque compagnie où il y a un étendard, lequel tiendra lieu de Cornette, & deux Cavaliers par chaque

chaque compagnie du régiment, lefquels fe rendront, avec le Timbalier & tous les Trompettes, au lieu où font les étendards.

Le Lieutenant placera ce détachement fur un rang, dans l'ordre fuivant, commençant par la droite : quatre Cavaliers, la moitié des Trompettes, le Timbalier, l'autre moitié des Trompettes, quatre Cavaliers, les quatre étendards portés par les Carabiniers, & huit autres Cavaliers.

Il fera rompre cette troupe à droite par quatre. Les quatre premiers Cavaliers qui précéderont la première moitié des Trompettes, auront le moufqueton haut ; il fe mettra à la tête des autres, qui auront le fabre à la main, & le Brigadier fuivra derrière.

Le Lieutenant conduira ainfi les étendards au lieu indiqué pour le rendez-vous général du régiment ; & dès que l'on les y verra arriver, on fera mettre le fabre à la main à tout le régiment.

Le Lieutenant, avec fa troupe entière, remettra les étendards à chaque compagnie, & ne renverra les Trompettes ni aucun Cavalier de l'efcorte, qu'après que le dernier étendard aura été remis à fa compagnie ; alors lefdits Cavaliers rentreront à leur compagnie par derrière les rangs.

A la fin de l'exercice, la même efcorte reprendra les étendards, pour les conduire dans le même ordre chez le Commandant du régiment.

Dans les camps, on fuivra pour prendre les étendards, ce qui eft porté par l'Inftruction pour le fervice de la Cavalerie.

h

LE Commandant d'un escadron se tiendra seul en avant du premier rang, entre la troisième & la quatrième compagnie de l'escadron.

Le Major & l'Aide-Major, sans avoir de place fixe, se tiendront à portée du Commandant du premier & du second escadron, pour recevoir leurs ordres.

Soit que les escadrons se forment sur deux ou sur trois rangs, les Capitaines seront dans le premier rang, à la droite de leurs compagnies; à l'exception de celui de la compagnie qui fermera la gauche de l'escadron, lequel se mettra à sa gauche.

Les Lieutenans feront de même dans le premier rang, à la gauche de leurs compagnies; & celui de la compagnie qui fermera la gauche de l'escadron, à la droite de cette compagnie.

Les Maréchaux - des - logis des deux compagnies qui fermeront la droite & la gauche de l'escadron, seront au second rang, en file derrière leurs Capitaines; & ceux des deux compagnies du centre, seront derrière elles en serre-file.

Tous ces Officiers seront remplacés lorsqu'il en manquera, le Capitaine par le Lieutenant de la même compagnie, & ainsi de grade en grade, sans jamais faire passer personne d'une compagnie à l'autre.

Le Commandant du régiment se servira cependant des Officiers réformés pour en remplacer d'autres, comme il le jugera à propos.

Les Officiers qui seront dans les rangs, seront compris

dans le nombre des vingt-quatre hommes que la compagnie devra fournir, de forte que le front de l'efcadron
fera toûjours de quarante-huit files, & que les deux compagnies des aîles n'auront chacune que vingt-un Cavaliers,
& les deux du centre chacune vingt-deux.

Les Cavaliers dont ces Officiers tiendront la place,
feront envoyés à la petite troupe que l'efcadron devra
former.

Les deux étendards de chaque efcadron feront au premier rang, à la neuvième file à compter de la droite,
& de la gauche de l'efcadron lorfqu'il fera fur deux
rangs; & à la cinquième file, fi l'efcadron eft fur trois
rangs.

Les Trompettes feront fur un rang, à la droite de
l'efcadron, le Timbalier derrière eux.

Le régiment étant en colonne par compagnie, lorfqu'on
voudra faluer ou retourner au quartier, le Capitaine
prendra la tête de fa troupe; le Lieutenant fe tiendra hors
du rang fur le flanc; le Maréchal-des-logis fur le flanc
oppofé; & on fera paffer un Cavalier du fecond rang au
premier, pour rendre les deux rangs égaux.

TOUTES les fois qu'un régiment prendra les armes en *Petite Troupe.*
entier pour manœuvrer, on fera une petite troupe par efcadron, des Cavaliers de chaque compagnie de cet efcadron
qui excéderont le nombre qui devra y être employé.

Cette troupe, plus ou moins forte, fera commandée
par un Lieutenant & un Maréchal-des-logis, au choix du
Commandant, lefquels feront remplacés comme il eft dit

ci-deſius; mais en ce cas il n'y aura plus de Maréchal-des-logis en ſerre-file à l'eſcadron.

Cette petite troupe ſera ſur un rang, à vingt pas en arrière du centre de l'eſcadron; elle exécutera les mêmes mouvemens que le reſte de l'eſcadron, ſoit qu'il marche en avant ou en arrière; & lorſqu'il ſe rompra pour marcher en colonne, elle ſe rompra en même temps ſur deux ou ſur quatre rangs, & marchera à même hauteur que l'eſcadron lorſque le terrein le permettra; ou le ſuivra derrière de fort près, lorſqu'elle ne pourra marcher à côté.

Le Lieutenant ſe tiendra à la tête & au centre de cette troupe, & le Maréchal-des-logis derrière.

On pourra quelquefois de deux eſcadrons foibles en faire un de cent vingt, qu'on fera manœuvrer avec ſa petite troupe qui ſe trouvera complette.

Se mettre
en bataille. Le régiment, en arrivant ſur le lieu où il devra faire l'exercice, ſe mettra en bataille; ſoit en avant, ſoit ſur ſa droite, ſoit ſur ſa gauche, ſuivant la commodité du terrein, & il exécutera pour cet effet, l'une des manœuvres ci-après, dixième, douzième & quatorzième.

Le régiment étant en bataille, & les Officiers dans le rang aux places indiquées, on fera compter les rangs par quatre, y compris les Officiers.

On fera, ſi le Commandant du régiment le demande, le maniement des armes, qu'on commencera par l'avertiſſement; après quoi on fera exécuter les manœuvres ſuivantes.

DÉMI-TOUR A DROITE PAR HOMME.

Comme à la quatrième manœuvre pour une compagnie.

METTRE PIED A TERRE.

Comme à la cinquième manœuvre pour une compagnie.

MONTER A CHEVAL.

Comme à la fixième manœuvre pour une compagnie.

DES A DROITE ET A GAUCHE
PAR DEMI-COMPAGNIE.

Comme à la feptième manœuvre pour une compagnie.

Les Cavaliers du fecond rang auront attention à garder leurs chefs de file.

Cette manœuvre ne pourra s'exécuter lorfque les compagnies font au deffous du nombre de vingt-quatre.

DES A DROITE ET A GAUCHE
PAR COMPAGNIE.

Comme à la huitième manœuvre pour une compagnie.

DES A DROITE ET A GAUCHE
PAR DEUX COMPAGNIES.

Prenez garde à vous, marche.
A droite par deux compagnies.
Marche.

La file de la droite de la première compagnie de l'escadron soûtiendra, & la file de la gauche de la troisième marchera : la file de la droite de la quatrième soûtiendra, & la file de la gauche de la deuxième marchera ; le tout s'arrêtera au commandement *Halte*.

2.me
Commandement.

Prenez garde à vous, marche.

A gauche par deux compagnies.

Marche.

La file de la gauche de la troisième compagnie soûtiendra, & celle de la droite de la première marchera ; la file de la gauche de la deuxième soûtiendra, & la file de la droite de la quatrième marchera ; le tout s'arrêtera au commandement *Halte*.

3.me

Prenez garde à vous, marche.

Par deux compagnies demi-tour à droite.

Marche.

La file de la droite de la première compagnie soûtiendra, & celle de la gauche de la troisième marchera ; la file de la droite de la quatrième compagnie soûtiendra, & celle de la gauche de la deuxième marchera : on fera la demi-conversion, & l'on s'arrêtera lorsqu'on se retrouvera aligné avec le reste de l'escadron, faisant face du côté opposé.

4.me

Prenez garde à vous, marche.

Par deux compagnies demi-tour à gauche.

Marche.

La file de la gauche de la troisième compagnie soûtiendra, & celle de la droite de la première marchera ; la file de la gauche de la deuxième compagnie soûtiendra,

& celle de la droite de la quatrième marchera : on fera la demi-converſion , & on s'arrêtera comme il eſt dit ci-deſſus.

DES A DROITE ET DES A GAUCHE PAR ESCADRON.

Prene\z gardę à vous, marche.

A droite par eſcadron.

Marche.

La droite de l'eſcadron ſoûtiendra, la gauche marchera. Lorſque le Commandant de l'eſcadron jugera que le quart de converſion ſera fini, il dira *Halte*, & l'eſcadron s'arrêtera.

Prene\z garde à vous, marche.

A gauche par eſcadron.

Marche.

2.ᵐᵉ

La gauche ſoûtiendra, la droite marchera, & s'arrêtera au commandement *Halte*.

Prene\z garde à vous, marche.

Demi-tour à droite par eſcadron.

Marche.

3.ᵐᵉ

La droite ſoûtiendra, & la gauche marchera, & ne s'arrêtera que lorſqu'après la demi-converſion elle ſe trouvera alignée avec les autres eſcadrons.

Prene\z garde à vous, marche.

Demi-tour à gauche par eſcadron.

Marche.

4.ᵐᵉ

La gauche soûtiendra, la droite marchera, & s'arrêtera comme au troisième commandement.

On répétera cette manœuvre en marchant au trot très-légèrement, faisant les mêmes commandemens; & à la fin de chaque mouvement, on dira : *au trot, marche.*

DÉFILER PAR UN, DEUX, QUATRE.

Comme à la quinzième manœuvre pour une compagnie.

LE Capitaine prendra la tête de la compagnie qui défilera; le Lieutenant se tiendra sur le flanc du même côté où il étoit; & le Maréchal-des-logis sur le flanc opposé.

Le dernier rang des deux compagnies du centre ne sera que de deux Cavaliers; & à celles des aîles, les deux derniers rangs seront de trois & deux.

DOUBLER LES RANGS, ET SE REFORMER PAR COMPAGNIE.

Comme à la seizième manœuvre pour une compagnie.

LA tête de chaque compagnie attendra pour marcher que sa queue l'ait rejointe; la première compagnie de l'escadron fera halte, jusqu'à ce que les autres l'ayent rejointe au trot, n'ayant entr'elles que l'intervalle nécessaire pour se mettre en bataille; & de même le premier escadron d'un régiment fera halte, jusqu'à ce que les autres soient arrivés au trot; le Commandant du second devant réserver outre les douze pas nécessaires pour placer sa division, vingt-quatre autres pas pour l'intervalle d'un escadron à l'autre.

Dès

Dès qu'on se reformera par compagnie, les Officiers rentreront dans les rangs, le premier de chaque compagnie étant toûjours de dix Cavaliers; le second des deux compagnies des aîles, de onze; & le second des deux compagnies du centre, de douze.

Dans une marche de nuit, on continueroit à défiler au pas ou au trot, jusqu'à ce que l'on eût joint la division qui précède.

TOUTES les manœuvres de la Cavalerie étant dérivées de celles qui précèdent, on cessera de répéter les commandemens dans celles qui suivent.

UN REGIMENT ETANT EN COLONNE PAR COMPAGNIE,   X.*me*
     SE METTRE EN BATAILLE EN AVANT.   *MANŒUVRE.*

LA première compagnie se portera légèrement huit pas en avant, pendant que celle qui suit fera à gauche par compagnie, & tout de suite à droite par compagnie, pour se former à la gauche de la première : toutes les autres continueront à marcher devant elles, jusqu'à ce que chacune étant arrivée où celle qui la précède a fait à gauche, elle n'ait plus que l'espace nécessaire pour exécuter ce mouvement; & elle fera ensuite à droite par compagnie, lorsque son premier rang sera arrivé à la hauteur de la gauche de la compagnie qui la précède.

SE ROMPRE ET MARCHER A DROITE   XI.*me*
     PAR COMPAGNIE.   *MANŒUVRE.*

CETTE manœuvre s'exécutera par un à droite par compagnie.

i

XIIme MANŒUVRE. *SE REMETTRE EN BATAILLE SUR SA GAUCHE.*

DE même par un à gauche par compagnie.

XIIIme MANŒUVRE. *SE ROMPRE ET MARCHER A GAUCHE PAR COMPAGNIE.*

LA première compagnie ayant marché fix pas en avant, fera à gauche par compagnie; celle qui eſt à ſa gauche marchera auſſi droit devant elle, & fera le même mouvement, & ainſi des autres; avec cette attention, que chaque compagnie marchera dès que celle qui la précède fera vis-à-vis la file de ſa droite.

XIVme MANŒUVRE. *SE REMETTRE EN BATAILLE SUR SA DROITE.*

LA première compagnie fera à droite par compagnie, & marchera fix pas en avant; celle qui ſuit, marchant toûjours droit devant elle, fera de même à droite par compagnie dès que ſon premier rang fera à la hauteur de la file de la gauche de la compagnie qui la précède; & ainſi des autres, qui marcheront de même devant elles juſqu'à ce que leur premier rang ſoit à la hauteur de la gauche de la compagnie qui les précède.

XVme MANŒUVRE. *SE ROMPRE ET MARCHER EN AVANT PAR COMPAGNIE.*

LA première compagnie marchera droit devant elle; les autres compagnies feront à droite par compagnie, & quand elles ſeront arrivées à la même hauteur que la première, elles la ſuivront en faiſant un à gauche par compagnie.

On fera remettre le régiment en bataille en avant, comme à la dixième manœuvre.

MARCHER EN AVANT SUR UNE COLONNE
PAR ESCADRON.

ON fera à gauche par efcadron, enfuite à droite par compagnie.

SE REMETTRE EN BATAILLE.

ON fe remettra fimplement en bataille en faifant à gauche par compagnie & à droite par efcadron; mais fi l'on vouloit fe remettre fur le même terrein, il faudroit faire à droite par compagnie, enfuite à droite par efcadron, & on fe remettroit par un demi-tour à droite par compagnie.

FAIRE CHARGER DEUX ESCADRONS.

ON fera faire à droite par efcadron au premier efcadron, & à gauche par efcadron au fecond; ils s'éloigneront enfuite l'un de l'autre, cinq ou fix cens pas au moins, en marchant au pas, droit devant eux.

A un appel ou autre fignal indiqué, le premier efcadron fera demi-tour à droite par efcadron, & le fecond, demi-tour à gauche, pour fe faire face l'un à l'autre.

On fera avancer la première & la quatrième compagnie du premier efcadron, la deuxième & la troifième du fecond, cent pas les unes vers les autres : elles marcheront toutes enfuite en avant; & lorfque les deux premières lignes des deux efcadrons feront à vingt pas l'une de l'autre, on fera fonner la charge.

Les Cavaliers de la première ligne du premier efcadron s'approcheront de la compagnie qui fera vis-à-vis
d'eux, jufqu'à ce que les têtes des chevaux foient prêtes à
fe toucher.

Alors les deux compagnies de la première ligne du
fecond efcadron, feront demi-tour à droite par homme,
& fe retireront au grand galop pour fe reformer par un
demi-tour à droite par homme, à cent pas derrière leur
feconde ligne, qui avancera au pas dès que celle qui fe
retire fera à fa hauteur, comme il eft expliqué plus en
détail à la manœuvre fuivante.

Les deux compagnies qui forment la première ligne
du premier efcadron, ayant fuivi au trot celle du fecond
efcadron qui s'eft retirée devant elles, feront face à la
feconde ligne du fecond efcadron; & celle-ci fe repliera
de même qu'a fait la première, & ira au galop fe reformer derrière fa première ligne devenue la feconde,
laquelle avancera à fon tour.

Le Commandant du fecond efcadron fera de même
fonner la charge quand fa première ligne fera à vingt pas
de la première ligne du premier efcadron; & la première
ligne du premier efcadron pliera à fon tour derrière fa
feconde ligne, devant laquelle la première ligne du fecond
efcadron pliera; & la feconde ligne du premier efcadron,
pliera à fon tour devant la feconde ligne du fecond
efcadron.

On fera mettre alternativement le moufqueton à la
grenadière & le fabre à la main à l'un des deux efcadrons,
& le moufqueton haut à l'autre; & celui qui aura le moufqueton haut pliera toûjours devant celui qui aura le fabre
à la main.

Les Cavaliers qui auront le fabre à la main feront haut fur les étriers lorfqu'on fonnera la charge, ainfi qu'il eft expliqué au neuvième commandement de la première manœuvre fur un rang pour une compagnie.

Après avoir fait rentrer la feconde ligne de chaque efcadron dans la première, on fera marcher les efcadrons jufqu'à ce qu'ils n'ayent plus qu'environ cent trente pas de diftance de l'un à l'autre; enfuite le premier efcadron fera à droite par efcadron, le fecond à gauche, & ils fe trou-veront en bataille.

RETRAITE.

XIXme MANŒUVRE.

ON fera marcher en avant la première & la quà-trième compagnie de chaque efcadron, pour former une première ligne à cent ou cent cinquante pas de la feconde.

Cette première ligne fera demi-tour à droite par demi-compagnie, & marchera au grand trot jufqu'à cent pas derrière la feconde ligne, où elle fe remettra par le même mouvement.

La feconde ligne ne fe mettra en mouvement que quand la première fera à fa hauteur; elle marchera alors dix pas en avant fort lentement, & fera enfuite demi-tour à droite par demi-compagnie, pour fe porter au trot cent pas au moins derrière la première.

On répétera plufieurs fois cette manœuvre, en faifant retirer alternativement l'une des lignes derrière l'autre.

Pour fe remettre en bataille, les première & quatrième compagnies de chaque efcadron étant en avant, on fera entrer dans leurs intervalles les troifième & deuxième, &

ferrer les efcadrons fur le centre de chacun, s'ils fe trou-voient trop ouverts.

BORDER LA HAIE POUR UNE REVUE.

Comme à la dix - feptième manœuvre pour une compagnie.

Les Officiers fortiront du rang pour paffer à la tête de leurs compagnies.

XXIme
MANŒUVRE;

SE REMETTRE SUR DEUX RANGS.

Comme à la dix-huitième manœuvre pour une compagnie.

XXIIme
MANŒUVRE.

FORMER LE REGIMENT SUR TROIS RANGS.

Comme à la vingt - unième manœuvre pour une compagnie.

On fera attention en exécutant cette manœuvre, que les Officiers font nombre.

Si les compagnies n'étoient pas complettes au nombre de vingt-quatre, on laifferoit une file ou deux qui n'au-roient que deux hommes de hauteur.

On fera exécuter au régiment formé fur trois rangs, les première, deuxième, troifième, fixième, feptième, huitième, neuvième, dixième, onzième, douzième, treizième, quatorzième & quinzième manœuvres; obfer-vant de faire rompre l'efcadron par deux compagnies : n'étant pas poffible que lorfqu'il eft formé fur trois rangs, il fe rompe par compagnie ni par demi-compagnie.

On pourra auffi exécuter toutes les autres manœuvres en faifant la même attention.

REMETTRE LE REGIMENT SUR DEUX RANGS.

Comme à la vingt-deuxième manœuvre pour une compagnie.

DE DEUX ESCADRONS SUR DEUX RANGS,
EN FORMER UN SUR TROIS RANGS AVEC UNE TROUPE
DE CINQUANTE MAITRES.

Prenez garde à vous.

De deux escadrons vous allez en former un sur trois
rangs, & une troupe de cinquante Maîtres. 1.er
Commandement.

Marche.

Que les six files du centre de chaque compagnie ne
bougent.

Je parle aux autres.

Marche.

Les trois files de droite & de gauche de chaque compagnie, marcheront en avant environ quinze pas, pour se
réunir ensuite en appuyant à gauche & à droite.

Formez le troisième rang. 2.me

Marche.

Les six Cavaliers du premier rang de chaque compagnie;
qui n'ont bougé, ferreront en avant sur les deux autres
pour former le troisième rang.

Tout le premier escadron appuiera sur sa gauche de la
jambe droite pour joindre le deuxième, & le deuxième sur
sa droite de la jambe gauche pour joindre le premier.

Le Maréchal des-logis qui étoit fur le flanc gauche du premier efcadron, ira remplacer le Capitaine commandé pour la troupe de cinquante maîtres; & celui qui étoit fur le flanc droit du fecond efcadron, remplacera le Lieutenant commandé pour la même troupe. Ces deux Maréchaux-des-logis feront remplacés par autant de Cavaliers pris de la petite troupe de l'efcadron; ou, s'il n'y avoit point de petite troupe, par des hommes deftinés pour la troupe de cinquante maîtres.

Des quatre Maréchaux-des-logis qui étoient en ferre-file derrière les deux efcadrons, il n'en reftera que deux derrière l'efcadron formé fur trois rangs, les deux autres iront à la troupe de cinquante maîtres, où l'un d'eux fervira de Cornette.

Pour former la troupe de cinquante maîtres, on commandera :

Prenez garde à vous, marche.

3.ᵐᵉ
Commandement.

A gauche par fix, bordez la haie.

Marche.

Les fix Cavaliers du fecond rang de chaque compagnie qui n'auront pas marché, feront à gauche, les gauches foûtenant, & les droites marchant,

4.ᵐᵉ

Que le premier rang ne bouge.

Serrez vos rangs en avant.

Marche.

Le rang formé par les fix Cavaliers de la compagnie qui fermoit la gauche du fecond efcadron, ne bougera, les autres ferreront tout près.

5.ᵐᵉ

A droite par trois, formez des rangs.

Marche.

Par

Par l'exécution de ce commandement, la troupe fe trouvera formée à la gauche de l'efcadron.

Le Capitaine s'y placera à la tête du centre, le Lieutenant à la droite, appuyé au rang ; le Cornette de même à la gauché ; le Maréchal-des-logis derrière ; le Trompette à droite.

REFORMER DEUX ESCADRONS SUR DEUX RANGS.   XXVme *MANŒUVRE.*

*Prene*_{*z*} *garde à vous.*   1.er

*Vous alle*_{*z*} *reformer deux efcadrons fur deux rangs.* *Commandement.*

Je parle aux deux premiers rangs.

Marche.

Les deux premiers rangs marcheront quinze pas , & s'arrêteront au commandement *Halte.*

*Forme*_{*z*}*-vous fur deux rangs.*   2.me

Marche.

Les quatre compagnies de la droite de l'efcadron appuieront à droite de la jambe gauche pour reformer le prèmier efcadron ; & les quatre compagnies de la gauche appuieront à gauche de la jambe droite pour reformer le fecond efcadron.

On aura attention dans cette manœuvre de faire trouver dans le centre de chaque compagnie , fix pas d'intervalle, que les fix Cavaliers du troifième rang de chaque compagnie viendront remplir , fe plaçant au premier rang.

Pendant que cette manœuvre s'exécutera, le Commandant de la troupe de cinquante maîtres qui n'aura point marché en avant, fera les commandemens fuivans :

k

3.me
Commandement.

Prenez garde à vous.
A gauche par trois.
Marche.

Chaque rang de la troupe exécutera ce mouvement, au moyen duquel elle se trouvera à six Cavaliers de front sur huit de hauteur.

4.me

Pour prendre trois pas de distance d'un rang à l'autre.
Marche.

Les Cavaliers du premier rang s'ébranleront les premiers ; ceux du deuxième ensuite : quand le premier rang en sera éloigné de trois pas, les autres en feront de même ; & quand chaque rang aura pris cette distance, le Commandant fera faire halte.

5.me

Par six, demi-tour à droite.
Marche.

Les droites de chaque rang soûtiendront, les gauches marcheront ; & quand la demi-conversion sera achevée, ils s'arrêteront au commandement *Halte*.

6.me

Marche.

Chaque rang marchera devant lui jusqu'à ce qu'étant vis-à-vis du centre de sa compagnie, il y rentrera dans le second rang en faisant à gauche.

Les Officiers & Maréchaux-des-logis reprendront les places qu'ils occupoient précédemment.

L'EXERCICE étant fini, le régiment retournera au lieu où il s'étoit assemblé, d'où on renverra les étendards ; &

chaque compagnie fera ramenée par l'Officier qui la commandera, comme il a été dit à la fin des manœuvres pour une compagnie.

DES MANŒUVRES
POUR UNE TROUPE DE CINQUANTE MAISTRES.

CES troupes étant deftinées à aller en détachement, ou à être poftées en garde ordinaire, il eft néceffaire que les Officiers & les Cavaliers foient inftruits des manœuvres auxquelles elles doivent être employées.

Pour cet effet, on fera quelquefois divifer le régiment en plufieurs troupes de cinquante maîtres, auxquelles on attachera un Capitaine, un Lieutenant, un Cornette ou un Lieutenant réformé, & un Maréchal-des-logis.

CETTE troupe fera compofée (outre les Officiers ci-deffus) de deux Brigadiers, quatre Carabiniers, un Maréchal, un Trompette, & quarante-un Cavaliers. *Formation de cette troupe.*

Ils fe placeront tous fur un rang, les Cavaliers de chaque compagnie enfemble. Le Capitaine fera l'infpection des hommes & des chevaux, & il fera exécuter les commandemens pour celle des armes.

Il fera enfuite marcher en avant les Brigadiers & Carabiniers, & derrière eux la moitié des Cavaliers de chaque compagnie, pour que tous les Cavaliers d'une même compagnie ne foient pas au premier rang; & il formera enfuite fa troupe dans l'ordre fuivant.

Première Divifion.

Un Brigadier à la droite, cinq Cavaliers à fa gauche.

Second rang : un Carabinier à la droite, cinq Cavaliers à fa gauche.

Deuxième Division.

Un Carabinier à la droite, cinq Cavaliers à fa gauche.
Second rang : fix Cavaliers.

Troifième Division.

Cinq Cavaliers, un Carabinier à leur gauche.
Second rang : fix Cavaliers.

Quatrième Division.

Cinq Cavaliers, un Brigadier à leur gauche.
Second rang : cinq Cavaliers, un Carabinier à leur gauche.

Chaque divifion fera aux ordres de fon Brigadier ou Carabinier.

Le Capitaine fe placera au centre en avant entre la deuxième & la troifième divifion, le Lieutenant à la droite, le Cornette à la gauche, l'un & l'autre alignés avec le rang; & le Maréchal-des-logis derrière.

Ire
MANŒUVRE.

DÉFILER PAR UN, DEUX ET QUATRE.

CHAQUE divifion étant cenfée une troupe féparée, lorfqu'on fera défiler par un, deux, quatre, toute la première divifion défilera de fuite, & fera fuivie par la deuxième.

IIme
MANŒUVRE.

SE REFORMER.

CHAQUE divifion fe formera d'abord fur deux rangs, la première ayant attention de faire halte pour attendre les autres, après quoi elles formeront la troupe en avant, obfervant ce qui eft expliqué à la dixième manœuvre pour un régiment.

DES A DROITE ET A GAUCHE
PAR DIVISION.

ON fera des à droite, des à gauche, des demi-tours à droite, & des demi-tours à gauche par divifion, ou quart de troupe, les Officiers manœuvrant avec la divifion à laquelle ils font attachés.

On préférera ces mouvemens pour faire demi-tour à droite, ou pour fe porter fur fa droite ou fur fa gauche, à ceux qui fe font par troupe entière, parce qu'ils font plus prompts, & qu'ils approchent moins le flanc de l'ennemi.

DES A DROITE ET A GAUCHE
PAR DEMI-TROUPE.

ON fera à droite, à gauche, demi-tour à droite & demi-tour à gauche par deux divifions ou par demi-troupe.

DES A DROITE ET A GAUCHE
PAR TROUPE.

ON répétera les mêmes mouvemens par troupe entière. C'eft la feule manière par laquelle on puiffe faire face à droite ou à gauche.

DÉTACHER UNE AVANT-GARDE.

ON fera marcher le Lieutenant en avant avec la divifion de la droite, dont il prendra la tête: il fe tiendra toûjours à cent pas au plus de la troupe, & fe fera précéder par deux vedettes à trente pas de lui.

L'avant-garde fe rejoindra à la troupe lorfque le Lieutenant en recevra l'ordre, en fe portant un peu fur la droite de la troupe & au-delà de fon fecond rang, où en faifant foûtenir fa droite, elle reprendra fa place par une demi-converfion.

DÉTACHER UNE ARRIÈRE-GARDE.

LE Cornette demeurera cent pas au plus derrière la troupe avec la divifion de la gauche, & fe fera fuivre de deux Cavaliers à trente pas de lui.

Il rejoindra la troupe en marchant en avant lorfqu'il en recevra l'ordre, & y reprendra fa place.

PLACER UN PETIT CORPS DE GARDE.

LE Capitaine ira lui-même pofter fon petit corps de garde, compofé d'une des divifions de fa troupe, & placera les vedettes qui devront entourer, non feulement le petit corps de garde, mais même fa troupe.

Ce petit corps de garde fera relevé alternativement par chaque divifion, & le Maréchal-des-logis marchera avec chacune des deux divifions du centre.

FAIRE FACE DE QUATRE COSTÉS.

LE Capitaine commencera par faire rentrer fon petit corps de garde qui aura retiré fes vedettes, enfuite il fera les commandemens fuivans.

Prenez garde à vous.

Je parle au premier rang pour marcher huit pas en avant.

Marche.

Le premier rang ayant exécuté ce mouvement, & s'étant arrêté au mot *Halte*, le Commandant fera paffer entre les deux rangs le Trompette avec quatre Cavaliers, dont un de chaque rang des deux divisions des aîles.

> ## Je parle au second rang.
> ## Demi-tour à droite par homme.
> ## Reculez.

Les Cavaliers du second rang, après avoir fait ce mouvement, reprendront leur rang d'eux-mêmes.

> ## Prenez garde à vous.
> ## Je parle aux cinq hommes de droite & de gauche
> ## de chaque rang, pour former le quarré.

3.me

> ## Reculez.

Les divisions de droite & de gauche des deux rangs feront un quart de conversion en arrière, jusqu'à ce qu'ils aient fermé l'intervalle des deux rangs, en formant le quarré.

Les Officiers feront ce mouvement avec les Cavaliers, moyennant quoi il s'en trouvera un au centre de chaque face, pour avoir attention à y faire ménager le feu à propos.

L'utilité de cette manœuvre feroit pour une garde ordinaire, qui, étant inquiétée par des troupes légères, voudroit garder son poste en attendant qu'elle fût secourue.

SE REFORMER.

Xme
MANŒUVRE.

POUR reformer la troupe, on fera les commandemens ci-après.

> ## Prenez garde à vous.
> Je parle à ceux qui ont reculé pour s'aligner sur leurs
> rangs.

'Ier
Commandement.

> ## Marche.

Les Cavaliers de droite & de gauche des deux rangs qui ont reculé, faisant des quarts de converfion en avant, de droite & de gauche, s'aligneront comme ils étoient auparavant fur leur rang.

Prenez garde à vous.

Je parle au fecond rang.

Demi-tour à droite par homme.

Reculez.

Le fecond rang exécutera ce commandement de la même manière qu'il l'aura fait à la manœuvre précédente.

Prenez garde à vous.

3.me   *Je parle au fecond rang pour ferrer fur le premier.*

Marche.

Le fecond rang marchera en avant pour rejoindre le premier qui ne bougera.

APRÈS ces manœuvres finies, les Officiers & Cavaliers qui y auront été employés rentreront dans leurs compagnies.

FAIT à Verfailles, le vingt-neuf juin mil fept cent cinquante-trois. *Signé* M. P. DE VOYER D'ARGENSON.